感谢上海社会科学院智库建设基金会
对本书选题、翻译和出版的支持

干净的空气

人类如何战胜空气污染

【英】加里·富勒（Gary Fuller）著
姚红梅 译

The Invisible Killer

The Rising Global Threat of Air Pollution-and How We Can Fight Back

图书在版编目(CIP)数据

干净的空气:人类如何战胜空气污染/(英)加里·富勒(Gary Fuller)著;姚红梅译.—上海:上海交通大学出版社,2020
ISBN 978-7-313-23383-7

Ⅰ.①干… Ⅱ.①加…②姚… Ⅲ.①空气污染—研究 Ⅳ.①X51

中国版本图书馆CIP数据核字(2020)第097479号

干净的空气:人类如何战胜空气污染
GANJING DE KONGQI: RENLEI RUHE ZHANSHENG KONGQI WURAN

著　　者:[英]加里·富勒
译　　者:姚红梅
出版发行:上海交通大学出版社
地　　址:上海市番禺路951号
邮政编码:200030
电　　话:021-64071208
印　　制:苏州市越洋印刷有限公司
经　　销:全国新华书店
开　　本:880mm×1230mm　1/32
印　　张:8.625
字　　数:172千字
版　　次:2020年10月第1版
印　　次:2020年10月第1次印刷
书　　号:ISBN 978-7-313-23383-7
定　　价:48.00元

本书谨献给在1952年伦敦烟雾事件中丧生的1.2万名居民。希望后人铭记这次历史教训。

前 言

人若不吃东西可以活三个星期，不喝水可以活三天，不呼吸空气却只能活三分钟。然而，我们对空气的存在已经习以为常。它总是无时不在，无处不在。数个世纪以来，我们呼吸的空气因污染已发生了深刻的变化。大部分污染是看不见的，但正在对我们和孩子们的健康造成严重影响。

全球逾90%的人口所呼吸的空气中都含有污染物，且其浓度已经超过了世界卫生组织的标准。2015年，全球450万人口因颗粒物和臭氧污染而过早死亡[1]。因此，我们必须认真思考一下什么是空气污染？我们是如何眼睁睁地看着空气污染日益加剧的呢？

空气污染物的模样已经发生了改变。如今的空气污染物不再是过去工厂里排出的黑色浓烟。“雾都”伦敦曾是全球污染最严重的城市，但如今北京等城市也面临同样的污染问题。北京的国家体育场（鸟巢）和故宫四周时而雾霾肆虐，居民们出门都习惯性地带上防护口罩，想必大家对此都有所耳闻。

尽管新闻中常常报道北京的雾霾事件，但北京在世卫组织全球重度污染城市名单上的排名并不靠前。2016年，北京排名第56位，2017年下降至187位。在排名前50的城市中，大部分位于亚洲：印度有24个城市上榜，中国有8个，伊朗和巴基斯坦各有3个。中东有6个城市上榜，包括沙特阿拉伯的4个城市。在另一项最清洁城市排名中，位于冰岛、加拿大、美国和斯堪的纳维亚半岛的一些小城市引人注目。还有一些大城市也出现在此名单中，包括温哥华和斯德哥尔摩，这表明空气污染并非城市生活的必然产物。

作为伦敦国王学院的一名空气污染科学家，我的研究重点是城市空气污染的来源及其对人体健康的影响。我还长期领导伦敦空气质量网络这一欧洲最大的城市空气质量网络。过去25年间，我持续跟踪伦敦市的空气变化，为政府提供了实证，并与全球卫生研究人员和空气污染科学家并肩作战。伦敦的空气污染原因已经由工业和汽油车污染转变为柴油车和家用燃木火炉污染，我对此进行了追踪研究。全球很多地区将伦敦的低排放区视为成功控制污染的一个典范，但若此举真正有效，为何伦敦市民至今仍在抱怨空气质量问题？撰写此书让我有机会真正了解全球的空气污染。除了我的工作地点伦敦之外，我还将带你们前往巴黎、洛杉矶、印度和新西兰，以揭开当前全球空气污染的真相。伦敦和洛杉矶的烟雾、斯堪的纳维亚的森林大片枯死、大众汽车“排放门”丑闻，以及东南亚爆发的严重污染，都在催促我们立即采取清洁空气的措施。本书将探讨的问题包括：空气污染对人体健康的影响；

复杂多变的政府空气污染治理议程；公众健康与政府法规之间的矛盾；长期无视空气污染证据的负面影响。空气污染的核心问题暴露了巨大的不公平。污染者在空气中处理废物，破坏共享资源，但又不为其行为的后果买单。结果，我们所有人呼吸了受污染的空气，用我们的健康和纳税为其行为买单。

＊＊＊

那么，“空气污染”到底指什么？一提到空气污染，我们脑海中立即浮现种种画面，如汽车排气管和烟囱中冒出的滚滚浓烟。空气污染有多重来源，一些众所周知，例如交通、工业和燃煤，一些鲜为人知，包括农业、燃木和火山爆发。常见的污染问题来自化石燃料燃烧后在空气中形成的污染物，还有天然的污染。与此同时，各地空气污染的性质截然不同，取决于天气、风向，以及当地对大气排污的控制。

阅读本书不需要具备化学或物理学专业知识。它讲述的是我们身边的常见污染源、我们呼吸的空气和我们面临的健康危机之间的联系。我将用很长的篇幅讲述颗粒物污染——微小的颗粒可以被吸入肺部深处。颗粒物包括燃煤产生的烟灰、柴油车尾气和其他污染颗粒。有些污染物是气体，包括二氧化氮，它是欧洲柴油车尾气中的主要污染物，还包括燃烧富含硫的石油和煤炭产生的二氧化硫。本书还将对臭氧进行专门介绍。北极和南极上空的臭氧层空洞问题让我们更加了解了臭氧这一气体，当它在近地面形成时，会严重损伤我们的肺部并影响粮食作物的生长。

自中世纪以来，科学家们就一直致力于调查空气污染的影响。我们日益倾向于关注最新的发现和结论。过去的教训常常被遗忘，但其中暴露的许多问题与我们今天面临的挑战十分相似。虽然以前的科学家只能使用手动取样器和自制玻璃器皿在自己的实验室中开展研究，实验结果的测算也只能使用计算尺，但他们的见解准确、深刻，让我由衷地感到钦佩。本书将重新回顾过去的一些调查和发现，并讲述它们背后的人物故事。

关于空气污染对人体健康的灾难性影响，数个世纪以来竟然没有人做过任何深入的研究，让人匪夷所思。空气污染问题直到 20 世纪 50 年代才真正得到重视。我们现在仍在不断学习空气污染的知识。2016 年，伦敦皇家内科医学院汇编了最新的研究成果，展示了空气污染对人体的终身影响。空气污染会影响胎儿发育，侵害儿童肺部健康，缩短成人的寿命。

清洁空气的行动倡议很多，但取得积极成效的很少。一些计划并没有取得预期效果，还有很多制造了新的问题。治理空气污染是一项全球挑战，需要与应对气候变化和创造健康城市的行动同时进行。

本书将首先讲述伦敦中世纪时期的污染。全书的叙述将以我们对空气污染了解的加深和空气污染的警示信号为线索。20 世纪 50 年代，伦敦烟雾事件造成约 1.2 万人死亡，洛杉矶出现有毒的空气，这些惨痛的代价最终换来了治理空气污染的协同行动，本书也将一一阐述这些事实。最后，本书将聚焦我们当前的挑战，讨论如何确保人类拥有干净的空气。

翻开书页，洞察空气污染的前世今生，破解困扰人类长达几个世纪的烟雾之谜，展望一个干净、健康的未来。

目　录

第四部分 反击:未来的空气

第一部分

警示信号:中世纪的伦敦与烟雾

第 1 章

早期的探索

你可能认为空气污染是个现代问题,或者至少是到 20 世纪才开始出现的。但其实有关空气污染的最早论述可以追溯到 17 世纪。这是否有些出乎你的意料?

很难想象几百年前的伦敦人是怎么生活的。置身于富丽堂皇的庄园和威严肃穆的教堂让我们对旧式建筑浮想联翩,但还原人们过去的日常生活及其周围的空气只是一种难以企及的空想。1661 年,作家兼园丁的约翰·伊夫林(John Evelyn)提笔写了一篇关于伦敦空气污染的文章,并将文章寄给了查理二世国王和议会。文章的标题是《消除伦敦的空气和烟气造成的不便,以及约翰·伊夫林斗胆提出的一些补救方法》[1]。他在附信中首先恭维了国王一番,随后生动形象地描绘了他亲眼所见的黑烟:

> 我偶尔出入陛下的宫殿,其威武雄壮之势无不彰显着陛下的非凡胸怀与气度。不料有一次,我正从诺森伯兰府走往苏格兰场时,却见到有一两条地道里冒出了滚

> 滚浓烟，黑烟不断窜入内室、廊道和厅堂。殿内的人几乎看不到旁人，甚至都难以站起身来。

伦敦经历了一场能源革命。因周边地区的森林遭砍伐，伦敦的木柴燃料出现短缺，只好燃烧木炭，后来又改用从英格兰东北部运来的煤炭。不过，这并不是伦敦首次使用煤炭作为燃料，公元 852 年时，彼得堡修道院（Peterborough Abbey）的僧侣曾记录修道院收到 12 车煤炭。但是，煤炭是一种名副其实的肮脏燃料，1257 年，亨利三世国王的妻子埃莉诺（Eleanor）就因不堪忍受燃煤烟气而离开了诺丁汉城堡（Nottingham Castle）。煤炭以前只在铁匠铺和石灰窑中使用，但到了 17 世纪，它成为供应伦敦的主要燃料。在这之前，木柴是主要的家用燃料，人们很少关心烟囱的建造，但燃煤会产生烟和灰，因此伦敦人精心设计了高耸于屋顶的烟囱[2]。城市飞速发展，空气也发生了显著的改变。伊夫林笔下的王国中心，就像但丁《神曲·地狱篇》中的地狱：

> 它们张开乌黑的嘴巴，不断吐出滚滚浓烟，刹那间，伦敦俨然成了埃特纳火山、伏尔甘锻造场、斯特龙博利岛①，与地狱相差无几……虽然英格兰各地的空气十分纯净，但伦敦是一个例外，伦敦上空布满了浓烟，以至于阳

---

① 伏尔甘是罗马神话中的火与工匠之神。斯特龙博利岛是地中海中隶属意大利的火山岛。——译者注

> 光都难以穿透……这种地狱般的烟雾吸食了城市的光辉，让城市所有的灯光都黯然失色，它侵蚀市民的房屋，让餐盘、首饰和家具蒙灰，它所含的硫连铁链和钻石都能腐蚀。

伊夫林是伦敦赛斯阁花园(Sayes Court)的设计者。赛斯阁花园是伦敦最精致的花园之一，位于伊夫林的家乡德特福德(Deptford)，他可以在花园里直接观察到空气污染对自然环境的破坏。他发现，伦敦的污染会

> 伤害鸟类、蜜蜂和花朵，花园里已经没有什么可栽种的东西了，就算种下去了也无法发芽、生长和成熟。除非在温室内种植并仔细栽培，否则再怎么悉心照料都无法让银莲花以及我们喜爱的其他花卉在伦敦各地开放。果树好不容易稀稀落落地结出了几个果实，却始终难以成熟，放进嘴里味道苦涩，难以下咽，犹如一经触碰就化为灰烬的“所多玛的苹果”。

与现代流行病学家采用的方法相类似，伊夫林也通过查看死亡记录来了解伦敦的空气对人口健康的影响[①]。自1601

---

① 伊夫林所指的可能是约翰·格朗特(John Graunt)的作品，他在1662年出版了《关于死亡率的自然观察和政治观察》(*Natural and Political Observations Made Upon the Bills of Mortality*)一书，其中汇集了50多年伦敦居民死亡的原因及人口变动的情况，并将死亡归结为81个原因。有关此书的讨论可点击链接http://www.bmj.com/content/bmj/346/bmj.e8640.full.pdf。

年起，詹姆斯一世要求教区文员每周发布一份出生和死亡名单，即死亡率表。国家雇用“搜查者”（主要为年长妇女）检查尸体以确定死因。城市文员负责汇编教区记录中的信息，并将表单出售给急切想知道瘟疫活跃的时间和地点的伦敦人，如此他们就知道应该避开哪些地方，或何时离开伦敦。伦敦的一名商人和店主约翰·格朗特（John Graunt）根据累积了 50 多年的死亡率表，整理出一张一目了然的死亡原因表。在该表中，瘟疫自然是导致死亡的明显原因，但慢性疾病也位列其中，其导致人口持续死亡，这为伊夫林提供了空气污染影响健康的证据：

> 削弱了人们对感染的抵御力后，它（最终）开始侵蚀人们的肺。这是无法治愈的疾病，长期持续吸入污气导致大量人口死亡，伦敦市每周发布的“死亡率表”就是证据……伦敦约有一半的死亡源于咽喉或肺部疾病。伦敦居民不停地咳嗽或受风湿折磨，不停地咳出脓痰和污物①。

令人诧异的是，尽管找到了证据，但似乎大家达成的共识仍然是烟雾对伦敦居民有益。伊夫林说，他冒着“反对所有教职人员的风险，特别是医学院，他们认为烟雾可以预防感染，

① 在原始文本的描述中，这些疾病听起来更可怕：“（身患）肺结核和肺部瘟热、无休无止的咳嗽和风湿、口吐脓痰和污物。”

并不会造成我所描述的严重病症”。

空气污染可以预防疾病的想法源自细菌被发现前所流行的瘴气论(the miasma theory of disease)。瘴气被认为是一种生物材料腐烂和分解后产生的空气传播物质。瘴气的来源无处不在。在乡村,瘴气来自沼泽和湿地。在城市,它来自腐烂的食物、马粪、污水,甚至是腐臭的气息。吸入一大口瘴气被认为会诱发急性传染病,会导致身体内部发酵或腐烂,且可能传染给他人,这解释了一些疾病的明显传染特征。自然界的雾气被认为与瘴气有关,均源自湿地和沼泽。当 16—17 世纪瘟疫侵袭伦敦时,人们甚至被要求在街道上燃煤,以驱赶瘴气,洁净空气[3]。

很久以前,气就与土、火和水一起被并称为四大元素,但大气的概念尚不为人所知。1644 年,意大利物理学家和数学家埃万杰利斯塔·托里拆利(Evangelista Torricelli)给他的朋友米开朗基罗·里奇(Michelangelo Ricci)写了一封意义非凡的信,他在信中惊叹:“气元素是一片海洋,我们生活在海洋的最底层。”里奇是一名数学家,同时也是一名罗马的红衣主教。托里拆利一直在研究从深井底部抽水的问题:如果钻井深度超过 9 米,就不可能一下子将水抽上来。他并没有在真正的井内进行试验,而是建造了一座小型模型,用水银代替水来进行测试。实验时,他在一根试管内注满水银,用自己的手指按住试管口,然后将试管倒置并将其放入一个同样装满了水银的槽内。该试管长 110～120 厘米。汞并没有完全从试管中流出,而是向下移动了一段距离,在试管上方留下了一段真空。这个实验之前已经有人做过，但托里拆利的独到见解是，研究真空空间的大小对于了解真空的性质没有帮助。真空空间内没有任何东西，因此研究它毫无意义。但是，“水银槽内的液体上方压着一层 50 英里高的空气”①。

托里拆利改变了我们对周围空气的看法。管中剩余的汞的高度是衡量我们上方空气压力的一项指标[4]。这个简单的气压计可以在世界任何地方建造，并且在未来几个世纪，气压测量单位就是英寸汞柱。

在托里拆利写完这封信后的第四年，布莱士·帕斯卡(Blaise Pascal)开展了进一步的研究，并证明了来自大气层的压力在各地并不相同，海拔越高，压力越小。来自法国的帕斯卡是一名天才神童，特别是在数学领域，但他也研究过流体力学。你们可能在课堂上学习过帕斯卡定律。根据该定律，加在被封闭液体上的压强大小不变地由液体向各个方向传递。帕斯卡想将气压计带上山顶测试。但他没有亲自做这个实验，而是请住在法国中部克莱蒙费朗市的姐夫弗洛林·皮埃尔(Florin Périer)帮忙完成。几个科学家在皮埃尔的花园里集合，并带上了水银气压计。气压计内的水银高度为 710 毫米。他们将一个气压计留在花园里，全天加以观察。汞柱并没有发生变化。另一个气压计被带上多姆山(Puy-de-Dôme)山顶，该山如今是环法自行车赛途中一个著名的挑战点。在距皮埃尔家花园约 900 米高的山顶，汞柱高度为 625 毫米，他们受到

① 1 英里约等于 1.6 千米。——译者注

的空气压力减少了12%。皮埃尔对这一实验印象深刻，他又重复了好几次。为了提高准确度，他甚至设法测量了从地面到克莱蒙费朗大教堂顶部气压不断下降的现象。

大气中所含的化学成分在当时并不为人所知。尽管人类数千年来一直燃木取火，但空气在燃烧过程中的重要作用始终是一个谜团。木柴燃烧时，火焰似乎从木头中一跃而出。它们轻盈、灵活地跳动，空气的唯一明显功能就是扇动火焰并带走烟雾。这样的观察视角催生了燃素学说——15世纪科学的一个巨大错误方向[①]。

燃素被认为是构成物质的元素之一，是燃烧时从物质中释放出来的。当所有的燃素都消失后，燃烧就停止了。因此，火焰不是与空气中的氧气发生化学反应，而是燃素的自由释放。对此我们可以进行实验，将汞燃烧成灰烬，释放出燃素，然后再用木炭（一种明显富含燃素的物质）对其进行再加热，汞又恢复到了液体状态。但很长一段时间，科学家们竟然一直忽略了一个自相矛盾的事实，那就是汞在燃烧后变重了，并没有因燃素的释放而变轻。

直到18世纪70年代发现氧气和氮气，科学家们才开始对空气进行化学探索。我们头顶上方的空气决定压力，但从化学的角度讲，不同地点和不同时间的空气的组成是不是不尽相同呢？这便是维多利亚时期的化学家罗伯特·安格斯·

---

① 以下网址清晰梳理了有关燃素理论的有力论据：https://thonyc.wordpress.com/2015/10/23/the-phlogiston-theory-wonderfully-wrong-but-fantastically-fruitful/。

史密斯(Robert Angus Smith)想要调查的问题。

在1872年出版的书籍《空气和降雨：化学气候学的开端》(*Air and Rain: the beginnings of a chemical climatology*)[5]的序言中，史密斯回忆了与物理学家和气象学家约翰·道尔顿(John Dalton)的谈话，道尔顿当时正在试验混合气体。道尔顿断言，“化学实验无法揭示城市中的空气与赫尔韦林山(Helvellyn，英格兰第三大高峰)上的空气的不同之处”。这次对话成为史密斯科学生涯的一个转折点。为了完成调查空气的化学成分这一使命，他对不列颠群岛进行了系统勘查。在每个地点，他将空气样本密封在玻璃管内，然后送回实验室。他测量了本尼维斯山(Ben Nevis)山顶以及珀斯(Perth)和格拉斯哥(Glasgow)街头的空气。他还考察了伦敦的海德公园，以及去往海德公园途中的几乎每一个地方。他还远赴瑞士，测量当地沼泽附近的空气，但距离对空气组成的影响似乎不大，正如道尔顿所说，室外各地点之间的氧气含量差异不到0.2%。史密斯注意到医院病房和牛棚之间的细微差别，但直到进入矿洞和封闭室内测量，他才发现了整数百分之一以上的差异，在这些地方，蜡烛点燃一段时间后就彻底熄灭了。

然而，他并不相信各地的空气组成是一样的，他的理论是细微的差异会导致质的变化，包括占空气分子含量不到百万分之一的杂质的差异。带着这样的想法，他继续进行调查。首先，他开始研究碳酸，这是二氧化碳溶解在水中形成的一种酸。他发现伦敦斯特兰德剧院(Strand Theatre)包厢、医院病房和地下列车二等车厢内的二氧化碳含量差异很大。他还在自己家里建造了一个密封的铅室，大小与一个大电话亭相当，并在里面坐上好几个小时，呼吸着室内不断变化的“相同”空气。靠自己一个人消耗室内的氧气需要一段时间，为了更快获取结果，他急切地说服其他人加入实验，陪他坐在密室内，直到他们几乎感觉不到自己的脉搏（他给志愿者的报酬是一顿丰盛的饭菜，尽管有时他们太难受了根本吃不下）。最后，史密斯将注意力转向他所谓的城镇空气中的“杂质”，即我们现在所说的空气中的污染物。在这项最早期的温室气体排放研究中，史密斯通过简单的数学方法①，将利物浦和曼彻斯特空气中的超量二氧化碳（与乡村空气相比）与估算的煤炭燃烧吨数建立关联。重要的是，从空气污染的角度来看，他发现煤烟中还含有许多其他杂质，包括污染维多利亚时期城镇的金属化合物、硫黄、氯化物和酸性气体。得到这些观察结果后，史密斯终于能够证明道尔顿是错误的，并且空气确实因地而异。

1859年，下议院委员会调查得出结论：大城镇的空气与自然界的空气一样，对肺部没有影响。他们认为生活条件和职业的差异才是导致城镇居民健康欠佳、比农村居民寿命短的原因。未能认识到空气污染对健康的影响将是本书中反复出现的主题。接下来，史密斯开始调查杂质对健康是否有影响，为此他亲自做了很多实验。这次史密斯没有使用他的密闭房间，而是将自己的血液稀释后放入空气样本中。煤烟中

① 当代的空气扩散模型论者称之为“箱式模型”。

的酸性气体使血液变得更红。除去酸性气体后，剩余的空气则让血液变得暗沉。史密斯认为，血色鲜红是一件好事，虽然部分人认为酸性气体是有害的，但它可能是造成“城镇比乡村更加不安于现状”的原因。因此，污染的城市空气有可能是城市活力的重要来源，而不可能对人体造成伤害。

这反映了当时的医学观点。虽然疾病的瘴气论在发现细菌后遭到挑战，但人们仍然一致认为烟雾是有益的。就在几年前，也就是 1848 年，外科医生约翰·阿特金森（John Atkinson）建议结核病患者应该吸入煤烟和其他化学物质。在他看来，杂酚油、焦油、沥青和石脑油都可以阻止疾病恶化。

史密斯接着研究雨水，并首次提出“酸雨”一词。他发现富含硫的雨水会侵蚀建筑物的石头外墙，但得出的结论是它起到消毒剂的作用，能够杀死细菌，甚至直接治愈疾病[6]。他还注意到土壤能够除去雨水中的酸性物质，使其能够再次饮用。酸雨对森林和河流造成的破坏要再等几百年后才被发现。史密斯随后成为碱监督组（Alkali Inspectorate）的第一任组长，该监督组是英国早期的一个工业污染监管机构。在他的领导下，监察组在执行法规时采取了绅士做法，并声称，让企业家同意投资清洁工厂污染物要比上法庭裁决或支付罚款的效果更好。这种观点仍然是当前污染防控领域的一种流行观点[7]。

史密斯并不是探索我们周围空气的唯一科学家。在他的书出版十年之后，来自苏格兰的科学家约翰·艾特肯（John Aitken）开始研究空气中的烟尘颗粒。艾特肯出生于福尔柯克

(Falkirk),立志成为工程师。在格拉斯哥大学接受培训后,他成为一名海洋工程师,但他的宏伟志向因健康原因而被迫放弃。后来,他转向了科学。他将自己的客厅改造成了一间工作室和实验室:在窗前放置了一架车床,在室内摆放木制长凳,在墙上安装橱柜,并在里面装满温度计和气象仪器。得益于工程方面的训练,他完成与阀门有关的第一项研究后,就开始了与颜色感知有关的研究,但他最著名的研究是对云和雾的调查。为了开展此项研究,他发明了一种在客厅里制造雾和云的方法,并偶然发现了一种能够看到空气中微小颗粒的方法。通常,烟灰和其他污染物的颗粒太小而无法看到。可见光的波长限制了显微镜的分辨率,最强大的显微镜也不起作用,这些粒子就是无法被分辨出来。然而,在艾特肯的雾室中,他发现每个微小的颗粒都被一颗水珠包裹,突然,他看到了无数的微小颗粒,"当夜晚房间里的火焰燃烧时,每1立方英寸(约等于16.4立方厘米——译者注)空气中的灰尘颗粒数量与大不列颠的居民一样多。3立方英寸的本生灯火焰气体中存在的颗粒数量与世界上的居民一样多"[8]。

艾特肯的设备很简单。他将空气置入封闭室内并用水蒸气使室内饱和。然后抽出一些空气以减少压力,随后小水珠就形成了,每个颗粒旁都有一颗小水珠,透过显微镜载玻片就能观察和计算颗粒的数量①。艾特肯的最大贡献是,让人们了

① 现代粒子计数器的工作原理大致与此相同。使空气通过丁醇灯芯,然后冷却样品。丁醇在颗粒上凝结,颗粒膨胀后用激光进行计数。丁醇比水更容易冷凝,尽管气味难闻,但更适合开展此类实验。

解云和雾是如何形成的，与史密斯一样①，他也对户外空气进行过勘测。显然，他无法携带像客厅那么大的容器，因此他设计了一个便携工具，与雪茄盒的大小相当。艾特肯计算了苏格兰境内和本尼维斯山观测台的空气中的颗粒数量。1889—1891 年间，每个春天他都会带上他的便携装置，去阿尔卑斯山、意大利、巴黎和伦敦考察。在伦敦②和巴黎，他发现每立方厘米空气中有 4 万～21 万个颗粒，与 21 世纪初伦敦空气中的颗粒数量非常近似。有趣的是，他还发现空气污染并非仅仅发生在城镇。从大西洋吹来的空气是洁净的，但从城市吹来的空气含有大量的颗粒[9]。

除了调查烟雾颗粒和硫黄外，维多利亚时期的科学家们还非常关注空气中的臭氧气体。臭氧最早于 1848 年被发现，发现者为巴塞尔大学化学专业的克里斯汀·弗里德里希·舍恩拜因（Christian Friedrich Schönbein）教授。舍恩拜因教授在开展电流经过水的实验时制造出了臭氧。他很快意识到这是雷雨过后残留的气味，今天我们可以在复印室中闻到这种味道[10]。臭氧是氧气的一种，它由三个氧原子组成，而通常我们空气中的氧气由两个氧原子组成。三个氧原子的组合是不稳定的，使臭氧分子成为一种强大的氧化剂，容易与许多物质发

---

① 奇怪的是，在完全清洁的空气中不会形成云雾，它们需要微小的颗粒作为凝聚核。19 世纪和 20 世纪的伦敦和其他污染城市常见的云雾和烟雾部分是由于空气中存在大量污染颗粒所致。

② 伦敦的一个测量点是位于维多利亚街的一个窗口。20 世纪下半叶，科学家在同一条街上的同一个窗口测量空气污染，包括追踪 1991 年的烟雾。

生反应，包括在人体的肺部发生反应，以摆脱额外的氧原子。

臭氧并非一直被视为一种有害物质。在维多利亚时代，呼吸新鲜空气和臭氧被认为是英国海边旅行的一部分，有益于身体健康。时至今日，游客们在沿着多塞特郡莱姆里吉斯的臭氧露台（Ozone Terrace）散步时，依然会饶有兴致地一边吃冰激凌一边欣赏海景。然而，将臭氧与海边联系在一起，可能是由于沿海城镇为了吸引游客，以气味为噱头制造的一种错觉。舍恩拜因非常重视通过嗅觉检测臭氧。是的，海边闻起来像臭氧，但我们闻到的气味通常是生活在海藻上的细菌和微生物产生的气体的味道，而不是臭氧本身的味道①。实际上，近地面的臭氧是十分有害的，而且呼吸臭氧的乐趣也无法与水上乐园和沙滩城堡相提并论。早在19世纪50年代中期，科学家就已经发现吸入大量臭氧会导致胸痛。他们发现兔子和老鼠在呼吸臭氧后会很快死亡[11]，但臭氧对人们有益的观点仍然占上风，这也是由于疾病的瘴气论所致。

有一项实验可以告诉我们，为何关于臭氧健康影响的早期矛盾观点都可以通过瘴气论加以解释。1866年，医生和公共卫生专家本杰明·沃德·理查森（Benjamin Ward Richardson）正在负责调查瘴气。他的实验对象是一瓶放了8年的牛血，牛血早已腐烂，根据他的描述，牛血瓶散发出一种令人作呕的恶臭，到底是什么样的气味你们可以自行发挥想象。当与极

---

① 最近，海边的气味被认为来自海藻和盐沼产生的二甲基硫化物：http://www.uea.ac.uk/about/media-room/press-release-archive/-/asset_publisher/a2jEGMiFHPhv/content/cloning-the-smell-of-the-seaside。

其容易发生反应的臭氧混合后，气味就消失了。如今，一些厨用设备中会使用极易发生反应的臭氧来消除烹饪气味，但理查森认为臭氧能破坏瘴气，并确信臭氧能够改善城市空气。他甚至还建议成立一家臭氧公司，将臭氧输送到屠夫和蔬菜水果店，以保存肉类和蔬菜，并为每个家庭提供海滨空气[12]。

臭氧拥有治疗能力的进一步证据来自伦敦圣吉尔斯区(St. Giles district)爆发的回归热(relapsing fever)。该疾病在潮湿、过度拥挤的寄宿公寓迅速蔓延，被认为是由瘴气传播的急性传染病。该地区的医疗官员乔治・莫斯(George Moss)博士表示，当城市的臭氧水平因煤烟和烟雾而下降时，回归热的传播就加快了。现在，我们知道回归热是通过虱子和蜱虫叮咬传播，与空气质量没有任何关系，但是回归热病情进一步印证了当时流行的观点，即空气污染来自腐烂、败坏的刺鼻气味。

臭氧是最早得到常规测量的空气污染物之一。从1876年开始，工作人员每日在蒙苏里天文台(Observatoire de Montsouris)测量臭氧，持续了44年的时间，然后又在巴黎郊区进行测量。每天，工作人员将取样器放在阳台上，通过液体试剂吸入空气。这些测量结果在巴黎市的统计公报中尘封了近100年的时间后才被德国科学家安德烈亚斯・沃尔茨(Andreas Voltz)和迪特尔・克利(Dieter Kley)重新发现。解释这些数据并非易事。沃尔茨和克利按照原始图纸重新建造采样器，并煞费苦心地重新进行实验。实验的结果让他们大吃一惊。他们将

19世纪后期的巴黎测量值与21世纪的测量值进行比较，发现臭氧发生了大规模的变化。如今的全球臭氧平均浓度是100多年前的两倍多[13]。

19世纪的伦敦是名副其实的“雾都”。查尔斯·狄更斯和同期许多其他作家的作品，如《福尔摩斯探案集》中都描述过伦敦的烟雾。它们与自然的雾气非常不同，尤其是颜色，伦敦的烟雾是黄色、棕色或橙色的。为了形容烟雾的颜色，人们还创造了“豌豆浓汤(pea-souper)”一词。1899—1903年，艺术家克劳德·莫奈(Claude Monet)在伦敦创作了多幅以烟雾笼罩下的城市为主题的作品。莫奈的油画作品《国会大厦，日落》一直在全球巡回展出，在《滑铁卢大桥》和《查令十字桥》画作中，天空中布满了黑色烟灰和灰黄色的浓雾。

烟雾肯定会产生破坏性影响。据报道，在1873年的浓雾期间，有15人在北侧码头(Northside Docks)溺水身亡，两名男子掉入了沃平(Wapping)的一条河中，两名工人因跌入摄政运河(Regent's Canal)而死亡。还有许多关于烟雾的故事，例如马车司机下车给马带路，结果自己迷了路，转身又找不到自己的马，也看不到路过的马车或周围的任何地标。还有的人出了自家的大门就迷路了。烟雾不仅仅是伦敦的产物。19世纪80年代，史密斯曾写道：“曼彻斯特的烟雾无法消散，一直在城里蔓延……双眼感到刺痛，日间走在人行道上，竟然遇到一位马车司机将车开进了商店。白天我们几乎无法开口说话。”[14]更不用说，浓雾还为扒手提供了绝佳机会。

到了维多利亚时代晚期，人们对空气污染的认识迅速加快。首次测量了所谓的空气杂质以及它们如何因地而异，但尚不太了解其如何随时节发生变化。艾特肯和史密斯的欧洲考察主要在夏天进行，但冬天，这些地方的空气污染情况如何？城市的空气有优劣之分吗？这些问题要到下个世纪才能得到解答。早期的空气探索者得出的一个重要结论就是，污染并不仅仅发生在城镇，这一结论后来被遗忘了，我们将在第6章中提到这一点。尽管烟雾带来诸多不便，刺激眼睛和喉咙，但是瘴气论的流行以及空气中的某些污浊气体能够发挥消毒功效的观点，使得空气污染被当时的人们认为虽然恼人，但没有危害，甚至对健康有益。烟雾的隐形杀手身份要再过50年才被揭穿。

第 2 章

被忽视的警告

20 世纪上半叶，英国的空气污染局面基本上是维多利亚时代的延续，各城市的污染形势仍然大致相同，都在持续加剧。幸运的是，此时，科学家约翰・斯威策・欧文斯(John Switzer Owens)出现了，在他的不懈努力下，空气污染科学出现了转折，从维多利亚时期绅士们的偶尔调查转变为系统的全国监测计划。欧文斯并不满足于调查结果的发表。他四处奔走，参加反烟煤运动，出版书籍，与科学学会交流，向政府报告，确保有关空气污染的证据被越来越多的人所知晓。《自然》杂志称其为“最具实践和公益精神的科学家”，是“大气污染调查中的灵魂人物……欧文斯的创新才能、大胆汇编的证据和个人热情使英国的大气污染研究遥遥领先于其他任何国家”[1]。

欧文斯于 1877 年出生于爱尔兰的恩尼斯科西(Enniscorthy)。他才能出众，接受过医生和工程师的培训。在都柏林圣三一大学获取医学学位后，他开始了自己的医学生涯，但五年后放弃了医学，成为一名工程师，从事沿海防御和采矿设备的工作。1912年，在煤烟治理协会（Coal Smoke Abatement Society）的支持下，伦敦举办了一次国际展览，欧文斯是该协会的会员。煤烟治理协会成立于1898年，致力于社会改革，在维多利亚时代大力推行慈善事业，因而与当时富有影响力的人物关系密切。英国国民信托组织（National Trust）创始人奥克塔维亚·希尔（Octavia Hill）在一次赴德国旅游时发现，相比纽伦堡的洁净空气，英国国内的空气简直污浊不堪，她因此非常支持协会的工作。剧作家萧伯纳（George Bernard Shaw）也与协会关系密切，有一次他在会议上发言时称，健康和卫生的秘诀是干净的空气和服装。满足了这两个条件，“你就如同生活在乡村，无须沐浴，除非你想证明自己拥有良好的社会教养”。经历了各种名称变更后（如曾经一度改为“国家清洁空气协会”），该协会今天仍在运作，其现有名称为“英国环保组织（Environmental Protection UK）”。它无疑是世界上历史最为悠久的环保运动组织[2]。

1912年，在一次空气污染主题的公共展览和会议的影响下，英国气象局和各市政当局成立了大气污染调查委员会。这是一个自愿组织，由《柳叶刀》杂志提供支持，第一任秘书就是欧文斯。初期的工作是没有报酬的，当委员会于1917年被收归气象局管理后，欧文斯兼职担任测量负责人，十年后，委员会的工作由政府接管，欧文斯成了委员会的全职成员。

委员会的早期任务是统一全国的测量标准。不过令人感到诧异的是，测量空气颗粒污染的首个标准方法并非以空气中的实际污染物为测量对象①,而是通过收集落到地面的污染物并称重的途径加以测算[3]。这一想法最早始于1902年,当时科学家们在曼彻斯特发现了落在干净积雪上的烟灰,1906年冬天,科学家们又进行了实验,在格拉斯哥各地放置很多箱子,用来收集污垢和灰尘,这些实验又为上述测算办法提供了进一步的依据。在伦敦四个地点开展试点工作后,欧文斯的收集器得到了完善。在维多利亚时期,科学家主要在家中开展实验,因此欧文斯的一个实验地点是位于奇姆(Cheam)的家中,该地现在属于伦敦南部的郊区[4]。奇姆东部的郊区为喜剧演员托尼·汉考克(Tony Hancock)的粉丝们所熟知;欧文斯则住在奇姆北部华兹华斯大道上的达芙妮田园小镇(Daphne Cottage)。

1912年,英国建立了所谓的"烟尘计量器"网络,到1936年,该网络在150多个地方开展测量。这些测量非常基础:用漏斗收集灰尘,然后将灰尘冲刷到漏斗下的收集瓶中。因此,该装置测量掉落到地面的任何物体,包括被雨水冲刷下来的烟灰和灰尘。在塑料尚未发明的时代,被污染的空气和雨水中的酸性物质导致了各种问题。早期的仪器被严重腐蚀,不得不重新上釉,导致形状扭曲。每个仪器的周围还安装了小

---

① 现代人可能认为测量空气中的颗粒污染物很容易。在滤纸上称量样品应该是一种最直接的方法,但在20世纪早期,称重天平的精确度往往达不到要求。其他棘手的问题包括滤纸及其收集的颗粒会吸收和散发水蒸气,对测量结果造成影响。滤纸还会产生静电,结果漂浮在天平上方,根本无法称重。如果使用这一方法,许多城镇的测量网络将永远发挥不了作用。

铁丝网，以防止鸟类在仪器上停留和排便。测量工作还面临其他难题：孩子们向仪器内扔石头，喝醉酒的人在回家途中朝仪器内撒尿。因此，确保仪器不受到干扰非常重要。

这些仪器收集到了大量灰尘。在城市里，每平方英里①的地面上掉落的煤烟和灰尘重达数百吨。事实上，伦敦不是污染最严重的地方。位列污染最严重城市前几名的包括英格兰西北部的玻璃制造城圣海伦斯（St. Helens），1917 年，当地每平方英里的地面上有 685 吨灰尘和煤烟掉落，相当于每平方米的地面上有超过 0. 25 千克的烟尘。除了清洁自家火炉的下风口烟尘外，各家各户还要清理家门口的煤烟，因此，清洁房屋是一项艰巨的任务。这不仅是工业城镇面临的问题，距离圣海伦斯大约 15 英里的利物浦的情况也大抵如此。

伍斯特郡的小镇莫尔文（Malvern）是一个温泉小镇，也是衡量英国其他城镇清洁度的标杆。莫尔文镇内的烟尘是普通城镇的五分之一到十分之一。

欧文斯的测量结果并不总是被人接受。他的同行批评他以可能会误导公众的方式宣布自己的结果。1925 年，欧文斯在公共分析师协会会议上发言时，有位弗雷德里克先生指责欧文斯是耸人听闻："从科学的角度来看，以吨/每平方英里为单位来表达结果，是夸大了事态的严重性，尽管这么做对宣传有用。"[5] 尽管如此，欧文斯开发的烟尘测量仪仍然在全球各地被使用，主要是采石场和矿山地区。这一方法的主要缺点

① 1 平方英里约等于 2. 59 平方千米。——译者注

是只有在大烟囱附近落地的大颗粒烟尘会落入仪器内。由于只收集落到地面的污染物，所以欧文斯的研究只涵盖部分污染源。这导致人们普遍以为空气污染仅仅是城镇的问题，而与郊区无关。欧文斯仔细跟踪了这些测量结果，1936 年，他报告了空气污染控制政策实施 25 年后取得的成果——成效并不显著。虽然伦敦、格拉斯哥和一些大城市的空气质量有所改善，但是利物浦、特伦特河畔斯托克、圣海伦斯和利兹等英格兰北部工业城市的情况反而变糟了[6]。关注工业污染源的空气污染控制框架并没有发挥作用。

欧文斯发明的第二个装置印证了城镇是污染的主要场所这一观点。该装置使用虹吸管、白色滤纸和水进行测量。早期的仪器使用装满水的大容量密封玻璃罐。当水从罐子中排出时，空气会被吸入，空气入口处的滤纸随即变成灰色，甚至黑色，颜色视空气中的烟灰数量而异。后期的仪器会自动补水，然后使用计时器及与马桶水箱相类似的设计每小时排水一次。通过这种方式，可以每隔一小时测量一次空气污染。每个测量站的工作人员在图表上查找灰色阴影并读取空气中颗粒的相应数量。最后，虹吸管被电动泵所取代。欧文斯的发明被称为“英国黑烟测量仪”，其将在未来的污染研究中发挥重要作用。

有意思的是，虽然立法和污染控制措施主要针对工业，但欧文斯的测量结果常常表明存在其他问题。在许多城镇，家庭用火是空气污染的主要原因。1914 年，英国政府开始对空气进行调查。当时，纽顿勋爵（Lord Newton）提出了一项新的烟雾控制法律，政府不得不做出回应。政府没有明确表示支持或阻止该提案，而是同意让纽顿牵头进行调查，以暂时将问题搁置一边。第一次世界大战的爆发阻碍了调查，调查结果直到 1921 年才得以发布。结果的发布引发了早期的一次空气污染大辩论，纽顿领导的委员会表示，“烟雾污染未得到控制的主要因素是权力当局的不作为”。委员会要求加强对工业以及火车、汽车、卡车尾气的控制，实施更严厉的罚款措施，并设定新的标准，界定哪些控制措施是“切实可行的”。然而，除了呼吁开展调查和设计无烟取暖的新房子外，委员会未对家庭用火提出建议。欧文斯通过讲述自己在伦敦和其他城市的日常生活经历，批评了这种不作为：

> 我们每个人都感受到空气中含有杂质，我们的眼睛刺痛，呼吸不畅，我们的鼻孔里、衣服、窗帘和家具上沾满灰尘，我们的房子和金属遭到了永久性侵蚀。1922 年 11 月 19 日星期二，伦敦受到了惩罚，一整日都笼罩在黑暗之中。这种情况并不罕见[7]。

在阅读后续章节时，你会发现，政府一直不愿意明令禁止居民在自己家里燃木取暖，即便这种做法会影响邻居的健康。纽顿勋爵的报告被政府完全漠视。《泰晤士报》称赞这份报告“对一个复杂的问题进行了理智和令人信服的陈述，更重要的是，它没有提出任何不切实际的英勇行动”。一切还是老样子。实业家休·比弗爵士（Sir Hugh Beaver）指出，虽然纽顿的报告字数超过了86万，但报告发布15年后，即到了1936年，政府才颁布《公共卫生法》，且该法案“充满漏洞和保留”，“未能实现既定目标”[8]。比弗爵士是1954年的政府第二次调查的负责人。

1921年，欧文斯发明了第三种空气污染测量仪，并得出了新的结论，但遗憾的是，在接下去的半个世纪，这一发现还是被绝大多数人忽视了[9]。

像维多利亚和爱德华时期的所有优秀发明家一样，欧文斯还在夏休期间开展实验。当时，他在位于英格兰诺福克海岸的霍尔姆(Holme)度假，作为自己的消遣，他对海滩上的空气污染进行了测量。霍尔姆远离大城市和工业，夏天的时候阳光充沛，屋内不需要供暖。但测量的结果大大出乎他的意料。乡村盛产清新空气，这是人们的共识。因此，欧文斯原本以为海边的空气非常洁净。

与前两项发明相比，欧文斯的新发明有一个不同之处。它测量的不仅仅是掉落地面的大烟灰颗粒或黑色颗粒，而是空气中的所有颗粒。空气被类似打气筒的活塞泵吸入测量仪后，首先进入一个潮湿的空间，接着在那里被加速至接近声速，最后，高速移动的空气冲到显微镜载玻片上。抽取空气样本时，只要快速抽拉活塞杆，通常2～20下就足够了。欧文斯会在载玻片上罩一个玻璃盖，然后带回家在显微镜下研究。

令他吃惊的是，蔚蓝洁净的诺福克海岸边的雾霭中充满了颗粒物。每立方厘米有数百个。这些颗粒物来自哪里呢？

为揭开这一谜团，欧文斯首先从天气数据着手。作为一名务实的科学家，他首先测量了风速，采用的方法是计算大蓟冠毛飘过50码①长的一段沙滩所需的时间②。回到家后，他对照自己的测量值和附近海岸站的测量值，来推测颗粒物的来源地。据他推测，颗粒物主要来自英格兰中部地区和约克郡的工业区，以及欧洲大陆（尤其是大约300英里外的德国工业区），前者带来了雾蒙蒙的天气，后者则引起了重度污染。

空气污染不仅限于城市，有了这一新发现后，欧文斯开始了进一步的调查。他发现距离伦敦185英里的德文郡受到了来自伦敦的污染，英格兰南部海岸受到了来自英格兰中部地区的污染。他甚至还发现，威尔士西部彭布罗克郡的圣大卫雕像头部白天缭绕着一股浓重的烟雾，烟雾来自250英里外的伦敦[10]。

欧文斯的新仪器还可以测量空气中的颗粒物大小③。他计算得出，由于体积很小，它们可以在空中飘浮5～10天，因而可以长途跋涉。他在度假时所测量到的污染物与掉落在附近城镇的成吨污染物不一样，它们是不同的物质。很难相信所有颗粒物都来自工业。然而，这些烟雾事件的发生地位于工业区和城市的下风处，因此燃煤必然与其存在某种关联。1921年夏天的煤炭行业大罢工证明了这种观点。在不燃烧煤

---

① 1码约等于0.9米。——译者注

② 目前还不清楚欧文斯的测量是否得到家人协助。他和妻子没有孩子，但追逐大蓟冠毛应该是孩子们非常喜爱的游戏。

③ 这些颗粒物的直径大多在0.5～1.5微米之间。微米是百万分之一米或千分之一毫米，约为人类头发直径的1/50。

炭的情况下，人们发现周边的世界奇迹般地发生了变化，不仅烟雾消失了，连远方的山脉和城镇都露出了真面目[11]。

结束诺福克度假之旅后，欧文斯回到了奇姆，但他每天继续收集空气样本。第二年的3月，一些非常奇怪的事情发生了[12]。空气中的颗粒物数量开始增加，但此时不是家庭供暖高峰期，而且颗粒物也不是烟黑色的。到3月底，伦敦空气中超过一半的污染颗粒物呈透明色，与烟灰截然不同。

欧文斯试图寻找污染的源头。一开始，他认为这种情况只发生在奇姆的住所附近，所以他把仪器带到了9英里外的伦敦市中心办公室，对源头进行三角测量。不可思议的是，他在那里也检测到了相同的颗粒物。接下来，他前往伦敦北部的圣奥尔本斯(St. Albans)，此处离他家大约40英里远，但他也发现了同样的颗粒物。颗粒污染显然覆盖了十分广泛的区域。

仔细观测后发现，这些颗粒物的中心似乎有小圆点，周围是透明基质。当时科学界提出了许多猜测。较合理的猜测包括花粉、孢子和细菌、油滴或炉灰。其他的大胆猜想包括火山喷发的颗粒，来自太空的宇宙或太阳尘埃，或由二氧化碳和水之间的某种放射性反应产生的颗粒。总之，这些颗粒的来源仍然是一个谜。

而且，来自丘城天文台(Kew Observatory)的新发现让这一问题变得更为扑朔迷离。丘城天文台是一座位于伦敦西郊的白色雄伟建筑，距离世界著名的植物园丘园不远。1767年，该建筑被改建为天文台，并被租借给英国科学促进会作为物理科学实验室①。20 世纪 20 年代后期，天文台的科学家注意到，其测量结果不只是受到街上车辆的影响。他们在仔细测量空气的电学特性②时发现，其变化周期几乎（但不完全）与欧文斯的仪器测量出的烟尘颗粒变化轨迹重合[13]。但是，电学测量实验还揭示了新的事实：在未检测到黑色颗粒时，“其他”颗粒照样存在。这些颗粒物与欧文斯在海边和 3 月份检测到的颗粒物相似。更令人纳闷的是，数据显示，部分此类颗粒似乎在中午时分消失了。这一发现显然反驳了城市烟雾只含燃煤烟灰的观点。可以肯定的是，空气中的颗粒远比我们想象的要复杂。

在 1925 年出版的著作中，欧文斯重点介绍了他发明的第三种仪器[14]。他在学术论文《悬浮在空气中的杂质》（*Suspended Impurity in the Air*）中提供了该仪器的技术细节图，以便任何人都可以自己制作。他将自己的仪器借给世界各地的科学家。测量实验在葡萄牙、希腊、澳大利亚和北美进行，也在飞机和气球上进行③。然而，每次使用仪器时，似乎总会遇到五花八门的问题。也许是因为这个原因，它并没有得

① 伦敦及其附近的有轨电车网络逐渐扩建，导致天文台最终于 1924 年关闭。然而，其部分遗产——英国国家物理实验室仍作为世界领先的测量机构开展运作，实验室位于距天文台仅几公里远的特丁顿，参见 http://www.geomag.bgs.ac.uk/operations/kew.html。

② 他们测量的是电位梯度。关于此主题的更多内容，可以阅读理查德·费曼（Richard Feynman）的讲稿 http://www.feynmanlectures.caltech.edu/II_09.html。

③ 并非所有采样行程都能顺利进行。在取样时，由于乘坐的热气球被闪电击中，两名科学家不幸身亡。

到广泛使用。不过,欧文斯的烟尘计量仪和他开创的英国黑烟测量法成为衡量英国及全世界空气污染的标准方法。黑烟测量法是逐步完善起来的,在 1964 年的巴黎会议上被认定为一项国际标准。在空气污染应对史上,我想不出第二种与它同等重要的仪器或方法。

尽管医学领域的发展突飞猛进,但人们对空气污染的健康危害仍知之甚少。在曼彻斯特举行的煤烟治理协会的会议上,该市助理医疗官 J. S. 泰勒(J. S. Taylor)博士总结了 1929 年的空气污染知识[15]。他参照以前的办法,比较了城市和乡村人口的死亡率和婴儿夭折率之间的差异。他的数据显示,1923—1924 年冬季的"黑雾"导致呼吸道疾病死亡率增加。但是,冬季不仅有烟雾,天气也非常寒冷,低温也被认为是导致死亡的原因。泰勒解释称,烟雾造成疾病的主要原因不是由于被吸入体内,而是在城市中制造了黑暗。

缺乏日光是一个非常现实的问题,现在,我们很难想象在长期黑暗的天空下生活是什么滋味。维多利亚时代的气象学家经常报告称浓雾遮住了太阳。经测量,1881—1885 年,伦敦市区接受的冬季阳光仅为乡村的 17%,尽管 1916—1920 年这一比例提高到 45%[16]。另一种奇怪的现象是白天突然变成黑夜,像进入了午夜时分。1912 年和 1924 年的冬季均出现过这种现象[17],这给早期的发电厂制造了巨大难题,它们不得不手忙脚乱地应对白天照明量增加而导致的电力需求激增问题①。

日光不足被认为以两种方式影响健康。一是导致人体缺乏维生素 D,无数儿童和成人因此患上佝偻病。第二种影响更为直接。在当时,日光疗法被认为可以成功治愈结核病[18](在抗生素出现之前的年代,治疗途径非常有限),因此在缺乏阳光的烟雾城市,呼吸系统疾病就会增加②。的确,清洁空气非常重要,但人们尚不太关注受污染空气吸入人体所产生的健康影响。

除了欧文斯勤勉整理的测量数据之外,之后 20 年发生的一系列悲剧传递了更多的警示信号,使人们不得不面对空气污染造成死亡的事实。

第一次致命事件发生在 1930 年,事发地点是位于比利时于伊(Huy)和列日(Liège)之间的一个狭窄山谷——默兹河谷(Meuse Valley),该河谷内工业密集[19]。冬季的浓雾锁住了河谷中的烟雾,持续五天未能消散。数百人患上了呼吸疾病,60 人接连死亡。遇难者在临死前异常痛苦:胸口剧痛、持续咳嗽、呼吸困难,有些人甚至口吐白沫,剧烈呕吐,直至心力衰

---

① 1955 年的一场浓雾导致天空在下午 1 点变成漆黑一片。彼得·布林布尔科姆(Peter Brimblecombe)在其知名的著作《大雾霾》(*The Big Smoke*)中写道:城市的烟雾漂移至奇尔特恩山上(Chiltern Hills,位于伦敦北部),然后又被重新吹回城市。2017 年,受撒哈拉沙漠的灰尘和葡萄牙森林火灾烟雾的影响,英格兰南部大部分地区出现了白天变黑夜的现象。请参阅 https://www.theguardian. com/uk-news/2017/nov/12/pollutionwatch-sepia-skies-point-to-smoke-and-smog-in-our-atmosphere。

② 尽管我提出此观点是为了说明 20 世纪 20 年代没有人关心呼吸烟雾的危害,但现代的最新研究表明,维生素 D 不足与呼吸道疾病有关。

竭。大批的牛不得不被宰杀，剩余的牛群被赶到未受到污染的高山上，才勉强活了下来。

调查人员开始调查导致死亡的原因。有人认为可能是战争遗留下来的毒气武器所致，但这很快被否决。他们发现当地曾发生过两起类似事件。1911 年，一个侧谷中的牛群在一场大雾中死亡。在另一起事故中，山谷中的一家化肥厂发生了氢氟酸气体泄漏事件，导致窗户和灯泡受损，但就算发生了泄露，也不足以毒害整个山谷。最后，调查人员指向山谷中的工业。他们的结论是，大量煤炭燃烧产生的硫黄和烟灰导致惨案的可能性最大。该调查警告称，若大城市发生此类事件，死亡人数将骤升。假设伦敦发生同样的惨案，可能会有 3 200 人丧生[20]。

第二起事件发生在 18 年后，事发地点位于美国宾夕法尼亚州多诺拉镇（Donora）。该镇位于匹兹堡以南 30 英里的一个山谷中，山谷内以钢铁高炉和炼锌厂为主。1948 年一场持续了两天的烟雾事件导致 1.4 万人的社区内有 18 人死亡，还有为数众多的居民出现呼吸困难[21]。

仅仅两年后，位于墨西哥主要石油产区中心的波萨里卡市（Poza Rica）发生了第三起事故。事故的原因是当地一家只有一半设施到位的硫化合物处理工厂临时投入了运作。一台用于临时处理有毒硫化氢的燃烧装置在开启两天后失灵了，气体被排放到城市空气中，当时正好是无风天气。22 人因此死亡，320 人住院治疗。调查结论似乎相当轻描淡写。其建议在工厂周围安装警报以防止事故再次发生，并且“需要完善工业健康和安全规定”[22]。

然而,这些事件并没有为了解城市空气污染提供什么帮助。所有事发地点都是重工业区。虽然波萨里卡的工厂经营者公布了此次事件中的毒气名称,但默兹河谷和多诺拉镇的调查人员并没有测量污染,并不知道空气中的有害物质是什么。警示信号被一次又一次地忽视了。

第二部分

战斗打响：
20 世纪的灾难

第 3 章

伦敦烟雾事件

如今，亚洲各大城市(包括北京和德里)对于大雾天气已经习以为常，但这些雾看起来像霾，是由颗粒污染引起的。伦敦臭名昭著的烟雾事件与此不同。它是水滴与燃煤产生的烟和硫混合在一起后的产物。煤为伦敦的工业提供动力，并被用于房屋供暖。在伦敦的大雾天，行人走在路上看不清自己的双脚。居民被困在家中无法出门，哆嗦地坐在火炉边取暖，窗外浓雾重锁，白天犹如黑夜。浓雾还会渗入室内。约翰·斯威策·欧文斯曾说，他能在客厅看到烟雾制造的霾，但是在大型室内空间，如剧院或电影院中，烟雾就会四处飘散。

我父亲在伦敦南部地区工作，1952 年 12 月 5 日星期五，他像往常一样下班后离开办公室，但此时街上却已经漆黑一片，他不得已只好摸黑回家，这段经历让他永生难忘。当时的大雾异常浓重，完全看不见周围的人和物，仿佛全世界就只剩下他一人。父亲当时 17 岁，正是无所畏惧的年龄，他独自一人骑着自行车踏上了长 1 英里的回家路。途中，他小心翼翼地沿着路缘石前进，靠数十字路口确定路线，但骑到半途，他发现当地洗衣房的送货卡车堵住了道路。司机完全迷路了，无法看清任何东西。父亲尽全力帮忙，骑到卡车前面引路。他勉强能看到或碰到路缘石，卡车司机跟随自行车的车灯前行，并打开驾驶室车窗听我父亲的指令。他们缓慢地前进。当到达不足半英里远的洗衣店时，司机已经比预定时间晚了两个小时。

这个星期五，父亲和母亲显然无法相约去看电影了。影院公告栏中肯定会出现“受大雾影响，电影放映取消”的通知，因为大雾势必影响观影效果，恐怕没有人能看清电影。父亲小时候很淘气，经常故意将烟雾引入电影院：溜出放映厅，偷偷打开防火门，然后兴致勃勃地看着一阵阵浓雾飘入室内，直到被引座员赶走。当天晚上的烟雾对伦敦的剧院产生了严重影响。在萨德勒威尔斯剧院(Sadler's Wells Theatre)，歌剧《茶花女》在演完第一幕之后，不得不暂停表演，因为剧院里到处都弥漫着烟雾；在皇家节日音乐厅(Royal Festival Hall)，坐在楼上包厢里的观众无法看到舞台。周末的足球赛也被迫取消[1]。据《每日电讯报》报道，BBC 交响乐团取消了一场现场演出，还因钢琴家在前往录制现场的途中迷路，取消了广播音乐会。

有关浓雾危害健康的第一篇新闻报道是关于动物的，这足以反映英国人对动物的喜爱。据《每日电讯报》报道，12 月 6 日星期六，伦敦西部富勒姆地区(Fulham)出现浓雾，一只鸭子飞到了一个名叫约翰·麦克莱恩(John Maclean)的人的身上。双方都受了轻伤，鸭子被带到皇家防止虐待动物协会(Royal Society for the Prevention of Cruelty to Animals, RSPCA)，由兽医进行检查。不过，直到各大报社相继报道了史密斯菲尔德农耕和农业展览会上所发生的事件后，人们才首次意识到事态的严重性。

动物们于星期五抵达展览会现场，准备星期一的展出。但是，与21年前发生在默兹河谷的烟雾事件相类似，随着烟雾的迫近，奶牛开始出现呼吸困难症状，吐着舌头剧烈喘气。官方报道中专门陈述了史密斯菲尔德展会上的烟雾对动物产生的影响。100头牛需要治疗，60头牛需要兽医全面检查，1头死亡，出于人道主义考虑，还有12头将被宰杀。但奇怪的是，烟雾没有对羊和猪产生任何不良影响[2]。

在这个漫长的周末过去之后，英国宣布这是和平时期的一场最大灾难。1952年的烟雾导致伦敦的死亡率增加了2.6倍①[3]。接下去一周，居民们一直在议论有关死亡人数增加一倍或两倍的新闻，但人们的感受可能还是不痛不痒。大家可能不认识任何死伤的人。就算认识，在互联网和家用电话尚未出现的时代，口口相传的消息需要很长时间才能传到被浓雾困在室内的居民耳中。

---

① 1952年烟雾事件发生后，数篇相关论文和报告得到发表。涵盖的主题包括空气污染、气象和健康影响。英国卫生部1954年发布的报告《伦敦1952年12月烟雾事件期间的死亡率和发病率》(*Mortality and Morbidity During the London Fog of December 1952*)对这些证据进行了整理，是迄今为止最好的参考。但不幸的是，纸质版本很少见，而且国家档案馆也没有在线文档。感谢已退休同事史蒂夫·赫德利(Steve Hedley)借给我资料参考。

医院首先意识到发生了严重问题。因浓雾而生病的人不断被送进医院，医务人员忙得不可开交。很快，在伦敦附近寻找病床位的日均人数达到近500人，这种情况一直持续到下一周。《每日电讯报》报道了救护车承受的压力。救护车到达医院所需的时间是平时的五六倍，产妇在被迷雾包裹的救护车里生下婴儿，其中包括当时著名的足球运动员塞尔温·琼斯(Selwyn Jones)①的妻子。

周末的死亡人数之高让周一上班的验尸官们大吃一惊。1954年的英国卫生部报告称，“鉴于12月8日星期一有大量尸体，病理学家几乎没有时间进行详细检查”[4]。消息传到了卫生部，卫生部要求当地医疗官员搜查传染病暴发的证据。死亡地点和原因被绘制成表格和图形，工作人员挨家挨户进行询问。他们收集了死者呼吸困难、心脏病发作和中风的证据，这些症状在冬季的伦敦并不罕见，但死亡人数的急剧上升令人忧心忡忡。而且重要的是，每个家庭很少超过一人死亡。这显然不是传染病所致。

整个周末一直是烟雾弥漫的天气，父亲周一早上出门上班时，雾依然很浓。他当时是伦敦南部一个埋葬场的一名学徒工。星期一总是一周中最忙碌的日子，因为这是验尸官处理周末死亡者尸体的时候。繁忙的星期一被称为“超10小时工作日”。但是12月8日的星期一与以往全然不同。医院太平间里堆满了尸体，通过“私人汽车”秘密逐一收集尸体的常

① 他当时正在替莱顿东方队踢球。

用方法根本不管用。因此，埋葬场不得不使用一辆运木卡车，一次运送18具尸体。

星期一浓雾开始消散，次日终于散尽。这场大雾笼罩了大约1 000平方英里的范围[5]。死者分布在各地，但人数十分庞大。卫生部的报告指出：

> 只有那些密切关注死亡事件的人才能够认识到死亡率之高，且也只是局部性的认识。一座拥有825万人口的大都市经历了此种规模的灾难，却没有意识到灾难的发生，这肯定是极端特殊的事件。直到死亡证明汇总并经过分析后，死亡率过高这一事实才变得明朗。

据官方估计，烟雾造成了近4 000人死亡，死者主要是非常年轻和45岁以上的人群。

1952年，首都各地建立了污染监测站网络，并采用欧文斯的黑烟法展开测量。采样器还测量二氧化硫浓雾。图3－1中的虚线显示了烟雾期间的空气污染测量结果，可与每日死亡人数曲线进行比对[6]。显然，随着空气污染的加剧，死亡率出现飙升，但最糟糕的情况还在后头。烟雾消失后死亡率仍然很高，并持续到下一年的3月。虽然当时的专家们探讨了浓雾使人体变得体虚和脆弱的可能性，但在收到空气污染造成大量人员死亡的消息后，卫生部委员会根本无法相信短暂的烟雾会造成如此持续的影响。这引起了激烈的争论。大雾爆发两个月后，卫生部宣布死亡人数为2 851人，仅在两周后

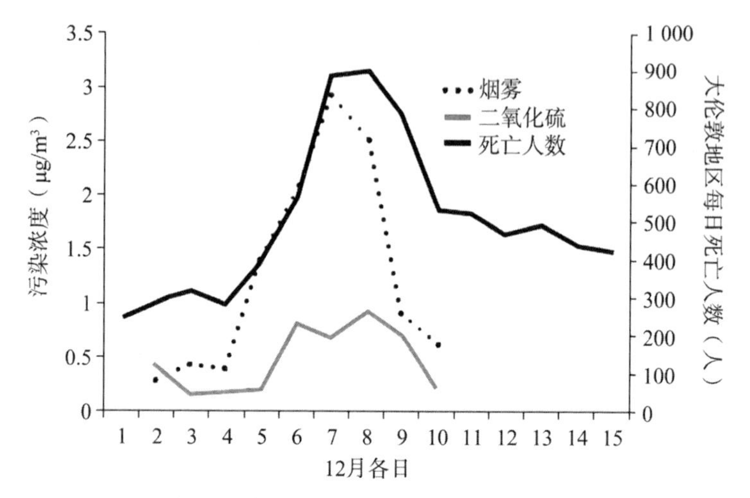

图 3－1 1952 年烟雾事件期间大伦敦地区每日死亡人数和污染浓度

又修订为 6 000 人[7]。

最终，政府的首席医疗官决定只计算 12 月 20 日之前的死亡人数。其余的都是由于其他原因所致，流感的可能性很大。烟雾造成 400 多人丧生，这一结果根本不可信。并非每个人都同意此结论。政府首席空气污染专家 E. T. 威尔金斯（E. T. Wilkins）聚焦死亡率持续过高这一问题，指出根据比例计算，实际死亡人数要比官方公布的数字高出约 8 000 人[8]。

为了纪念 1952 年伦敦烟雾事件 50 周年，科学家再次查看健康记录，并详细探讨了流感导致死亡率居高不下的想法。但即使是最严重的流感，死亡人数也不会持续增加。2002 年，死亡人数的最佳估计值被上调至令人震惊的 1.2 万人[9]，接近威尔金斯首次提出的数字。

在烟雾事件爆发后的一周内，又有 1.5 万人因病重而无法工作，被列入了政府的疾病补贴名单[10]。但烟雾事件导致的病患人数可能远高于此。在早期的默兹河谷、多诺拉和波萨里卡事件中，患病人数远远超过死亡人数。每天上班的通常是最健康的人群，抵抗力也往往是最强的。我们没有关于年轻人和老年人患病的统计数据，但是生病的人数远远超过因病重而无法工作的 1.5 万人。

但为何 1952 年的事件导致了如此大规模的死亡，而此前却没有发生过此类惨案呢？有人提出了几个可能的原因。泰晤士河附近的河畔（Bankside）和巴特西（Battersea）发电站被指是原因之一。在尝试绘制烟雾地图时，测量人员发现这两个发电站附近的烟雾浓度很高，但通过飞机侦查后发现，发电站烟囱中排出的废气通常位于烟雾层的上方。伦敦市民家中燃烧的大量煤炭也受到指责。1952 年的燃煤量可能是维多利亚时代燃煤量的两倍左右[11]。而且，煤的质量很差。20 世纪 50 年代早期，煤炭仍然是按户配给。这么做并不是因为资源稀缺，而是为了让最优质的煤炭出口，此时英国仍在集中精力偿还第二次世界大战的债务。但是，被称为“坚果煤屑（nutty slack）”的劣质煤的供应未受到限制。它是小块的煤和煤屑的混合物。有关当年冬天供应的坚果煤屑质量低劣的问题在 1953 年 2 月初的下议院会议上提出过，但此时已经有 17 万吨坚果煤屑被出售，以填补煤炭配给的不足[12]。

最初，英国政府试图将烟雾事件视为一起超出其控制范围的自然灾害，但烟雾事件的死亡人数竟然高于 1866 年的霍乱疫情，导致政府承受的压力陡增。1953 年 1 月，卫生大臣伊恩·麦克劳德(Iain Macleod)表示,“事实上,任何人都认为烟雾问题是从我担任卫生大臣后才出现的”[13]。1953年7月,政府终于不堪公众的压力,任命实业家和工程师休·比弗爵士主持开展调查。

与负责1921年空气污染调查的纽顿勋爵不同,比弗爵士不是议员。毫无疑问,他是干实事的人。他最初的职业理想是加入印度文官机构(当时受大英帝国管辖),但在一次伦敦考察期间,他留在了一家工程公司做助理。尽管缺乏工程培训,但他很快掌握了技术细节和经济可行性分析,并继续学习工程、采矿和采石、运输和水电课程。他领导了加拿大港口审查工作;在新不伦瑞克省圣约翰的港口被火烧毁之后负责港口重建工作;在英国设计并建造了几家工厂;并在第二次世界大战期间领导工程部的工作。战争结束后,他成为一个传奇人物,领导吉尼斯公司和几个政府顾问委员会。他的贡献还包括建设了米尔顿·凯恩斯(Milton Keynes)和伦敦周边其他新城镇,更令人吃惊的是,他还创立了《吉尼斯世界纪录大全》(*Guinness Book of World Records*)[14]。起因是,据说在一次打猎活动期间,比弗找不到参考书来确定欧金鸻是否为欧洲飞得最快的猎鸟[15]。此时,罗杰·班尼斯特(Roger Bannister)刚创下4分钟内跑完1英里的纪录,比弗的首本《吉尼斯世界纪录大全》在酒吧免费提供,用于解决喝吉尼斯酒的客人在几品脱酒下肚后经常发生的争论。如今,它是世界上最畅销的书籍之一。

发布伦敦烟雾报告后不久,休·比弗爵士又在1955年的纽约第一届国际空气污染大会上介绍了委员会的工作。他的阐述十分冷静和权威。1952年的大规模死亡事件如何引发了公众的强烈抗议？当第二年冬季烟雾卷土重来时，人们又如何前所未有地陷入了对空气污染的担忧之中？当委员会的报告于1954年初冬时节发布时，人们又是如何空前一致地强烈要求政府采取行动的？他在会议上做了详细的陈述。该报告的结论正好是1.2万字。报告建议采取国家而非地方工业控制措施。这将防止城镇因担心当地就业问题而对污染的法律视而不见的现象。他发现大约一半的英国人口居住在需要采取行动的地区。重要的是，比弗第一次提出要解决家庭用火产生的空气污染问题，家庭用火消耗了英国约20%的煤炭，但却产生了40%～60%的烟雾。他建议建立清洁空气或无烟区，限制可使用的燃料，并对某些用火和锅炉类型也进行限制[16]。

1952年的烟雾事件不仅证明烟雾是杀手，而且还开始改变科学家对于日常空气污染的认知。E. T. 威尔金斯在皇家卫生研究所(the Royal Sanitary Institute)的会议上发言时指出："日常污染对个人造成的伤害和损失无疑要大于偶发性烟雾事件。"但直到20世纪90年代，这才成为一种共识[17]。

比弗认为公众舆论已经有助于开展行动，但政府再次袖手旁观。温暖的壁炉是英国家庭的心脏。第一次世界大战的士兵曾受到鼓励，要为保持家庭壁炉燃烧而战斗。尽管煤烟治理协会进行了各种尝试，但英国仍然坚持使用敞开式壁炉。封闭式火炉长期受到排斥，被认为是欧洲大陆才用的东西，它使得房间闷热，不适合英国人，英国人对新鲜空气的热爱胜过保暖，尽管封闭式火炉的效率更高，烟气排量更低。此外，在20世纪初，集中供热仍然十分不受欢迎。即便是办公室，也用敞开式壁炉加热。倡导消除烟雾的行动者们认识到说服部长和公务员采取行动异常困难，他们解释称“如果政府职员发现没有可以让他们拨火的炉子，他们会感觉受到了严重伤害”[18]。1948年，98%的英国家庭在客厅设有壁炉，四分之一的家庭仍然用煤烹饪[19]。

当议员杰拉尔德·纳巴罗(Gerald Nabarro)[20]以个人名义向议会提出了一项清洁空气议案后，政府在感到被羞辱的同时不得不采取行动，并提出了一项清洁空气法案。虽然被某些人称为环境英雄，但纳巴罗是一个富有争议的人物。他是当时非常著名的政治家，看起来像一名保守派的“上流人士”，留着独特的车把胡子，说话声音低沉洪亮。尽管是贵族，但他出身低微，是典型的依靠自己努力跻身上流社会的人，他从一名工人成为工业大亨。他做了许多在今天看来都很有价值的事情，包括在烟盒上添加健康警告，但他对种族、死刑和其他一些事情的态度令人不悦，在20世纪50年代和60年代，他的这些观点甚至令人反感。他支持白人统治罗德西亚(就是现在的津巴布韦)，支持伊诺克·鲍威尔(Enoch Powell)的反移民做法。他本人于1961年垮台，当时他被发现驾驶着一辆拥有个性化车牌NAB 1的轿车逆向超速通过环形交叉口。他声称开车的是他助手，助手欣然同意这一罪名，但目击者提供了不同的证据，随之而来的庭审结束了他的政治生涯。

《清洁空气法》的最大创新之一是设立无烟区，只有经批准的燃料才能被用于经认证的设施。国内的敞开式壁炉被禁止使用劣质(沥青)煤，只能使用工业生产的无烟燃料或清洁煤。该法规定了房主和煤炭商人的责任，后者必须确保运送经批准的燃料。重要的是，有一大笔资金被投资用于帮助人们升级家庭供暖系统。

许多人称赞1956年的《清洁空气法》取得了巨大成功，但烟雾控制工作的进展仍然十分缓慢。到1963年，比弗委员会确认污染区域中只有14%成功实施了烟雾控制措施。到1967年，伦敦三分之二的地区受到控制，这令人失望。虽然对工业的控制越来越多，但能够产生实质性改变的可能是新燃料和供暖系统的上市，包括夜间储热电采暖器、建筑物燃油加热，以及天然气(1967年以后)。

当《清洁空气法》于1956年通过成为法律时，没有人知道北海下面蕴藏着大量的天然气，因此它不属于清洁计划的一部分。起初，天然气威胁到空气法的正常实施。无烟煤是城市燃气生产过程中的副产品，最初用于维多利亚时代的照明，然后被用于烹饪，偶尔用于供暖。每个城镇都有自己的天然气工厂，并生产无烟煤这一副产品。1970年，随着天然气工厂的关闭，无烟煤的短缺给各家各户带来了很大的问题，使进展已经十分缓慢的新无烟区计划进一步延后。这一问题只是过渡阶段的问题。很快，天然气采暖的需求超过了煤炭。随后，无壁炉的家居设计开始在崇尚自己动手的现代家居设计人士中流行起来，电视取代壁炉成为客厅的焦点[21]。

随着烟雾对健康的影响逐渐得到认可，英国对死亡率数据进行了重新分析，结果显示，1952 年以前的伦敦烟雾也造成了巨大的死亡人数，而且 1952 年的烟雾事件并不是最后一次。表 3-1 显示了英国主要烟雾事件的数据[22]。新的分析显示，维多利亚时期的主要烟雾事件导致的死亡人数总计接近 1 000 人。烟雾也发生在伦敦以外的地区。1909 年格拉斯哥也出现过严重烟雾，当时年轻人和老年人的死亡率都有所上升，1925 年则有超过 200 人死亡。分析还强调，1948 年严重的烟雾造成了大约 300 人死亡，但这一重大警示信号被忽略了。

表 3-1 英国主要烟雾事件

地点	年份	月份	持续天数	造成的额外死亡(人)
伦敦	1873	12	3	270～700
伦敦	1880	1	4	700～1 100
伦敦	1882	2	N/A	N/A
伦敦	1891	12	N/A	N/A
伦敦	1892	12	3	1 000
格拉斯哥	1909	11	8	N/A
格拉斯哥	1909	12	4	N/A
伦敦	1921	11	5	无统计学意义
格拉斯哥	1925	11	7	超过 200
伦敦	1935	12	6	500(但正好气温很低)

（续表）

地点	年份	月份	持续天数	造成的额外死亡（人）
伦敦	1948	11	6	300
伦敦	1952	12	5	4 000（重新调整为1.2万）
伦敦	1956	1	4	800～1 000
伦敦	1957	12	N/A	300～800
伦敦	1962	12	4	340～700
伦敦	1975	12	3	无统计学意义
伦敦	1982	11	N/A	N/A
伦敦	1991	12	4	101～178
英国全国	2003	8	N/A	423～768
英国全国	2014	3—4	系列事件	1 649

注：N/A＝无数据。

伦敦最后一次因煤引发的严重烟雾事件发生在1962年12月。到20世纪70年代末，家庭燃煤已经成为历史，但取而代之的是交通污染物造成的空气污染。1991年伦敦首次爆发重大交通污染烟雾，导致101～178人死亡[23]。1991年以后，伦敦和英国其他城市都出现过烟雾，但健康研究的重点已经不再是危害的量化。然而，如表3－1所示，短时间的重度空气污染仍会对人口造成严重影响①。

1952年的伦敦烟雾悲剧首次表明空气污染是有害的，因

① 最后两项评估是健康影响分析：根据污染物浓度以及人们对其所造成危害的了解，计算可能的影响。早先的评估基于死亡证明和死亡率。

而结束了一场持续了数个世纪的辩论。毫无疑问，随后的政策挽救了许多人的生命，但如果早期警告得到关注，或者只要政府愿意相信空气污染是有害的，则有更多的生命得到挽救。查阅 1952 年烟雾导致死亡的原因，立即可以发现，空气污染不仅仅会导致致命的呼吸问题，还会导致心脏病和中风，后两个原因导致的死亡率大约为 21％和 5％，这些重要信息在 20 世纪 90 年代前一直被忽视。

1952 年的烟雾事件确实引发了两种错误认识，它们仍然影响着公众和政府对空气污染的理解。首先，只有严重的空气污染才对人体有害，因此控制烟雾事件就足以控制健康危害。时至今日，我们仍然存在这一认知倾向，例如，北京和德里的雾霾报道中就体现出这种观念。其次，空气污染主要是地方性问题，即对居民健康造成损害的污染主要来自其所居住的城市。空气污染是短期的地方性问题，这一观点忽视了许多更广泛和长期的影响，我们即将在以下章节阐述相关内容。

1952 年的烟雾事件改变了人们控制空气污染的办法，从监测个别工厂和检测其地方性危害，转变为全国性工业控制和区域空气污染管理举措。然而，事后看来，《清洁空气法》提供的解决方案播下了下一次空气污染危机的种子。比弗的报告和随后的《清洁空气法》只关注烟雾，未提及同样由燃煤产生的二氧化硫。燃烧无烟煤对减少二氧化硫毫无帮助。相较于 1952 年，伦敦人在 1962 年的烟雾事件中吸入了更多的二氧化硫。

对硫的排放不加以控制导致了酸雨和森林枯死事件，这些事件成为20世纪70年代和80年代空气污染争论的焦点，并且时至今日硫的排放仍在引发各种问题（见第6章）。伦敦烟雾的解决方案并未关注减少消费。提高效率和减少煤炭燃烧量本可以减少我们现在所知的气候变化的影响，但在20世纪50年代人们仍未意识到这一点。

英国城市燃煤问题的最终解决方案来自天然气。这一举措非常成功，天然气不仅取代煤成为取暖燃料，还取代了燃油供暖。但正如第10章所述，这又导致了欧洲21世纪的危机，2015年，柴油汽车尾气和大众汽车公司“排放门”丑闻被置于舆论的风口浪尖。

比利时小镇昂日（Engis）有一尊朴素的雕像，用于纪念默兹河谷烟雾事件的遇难者。铭文最后一行写道“人类的所有事业都存在完善的空间，工业发展也不例外”，这反映了烟雾的工业性质。多诺拉烟雾事件的受害者被永久地载入了镇博物馆纪念册，并被决心牢记这一惨痛教训的当地人铭记于心中。然而，环顾伦敦，找不到纪念死于1952年烟雾事件的1.2万人的墓碑，尽管其死亡率甚至超过了“伦敦大轰炸”（the Blitz）中损失最惨重的夜晚。1953年1月31日，在伦敦烟雾事件爆发仅仅7周之后，欧洲北海沿岸发生了前所未有的风暴潮，洪水泛滥，导致英国有326人死亡，荷兰有1 800人死亡。

在英格兰东海岸旅行时，从林肯郡穿过东安格利亚到坎维岛的一路上，你可以看到纪念死去的邻居、朋友和家人的简单墓碑。在伦敦与现代空气污染的斗争中，为在 1952 年的弥天大雾中死去的成千上万人建造一座永久墓碑无疑是需要的，一是纪念那些在这一事件前后的烟雾中丧生的人们，二是为未来敲响警钟。

第 4 章

含铅汽油的罪恶

20 世纪 20 年代，人类与“恶魔”达成了一份“浮士德协定”，通过出售未来的健康和环境来换取短期利益，这一切的始作俑者就是托马斯·米基利(Thomas Midgley)。他是一名高产的美国化学家和发明家，其研究成果孕育了 20 世纪两项最具革命性的发明——含铅汽油和制冷剂氟利昂。1944 年去世时，米基利被誉为这个时代最伟大的一位发明家，但他的发明创造存在很大的缺陷。20 世纪末，铅被公认为是一种全球有毒污染物，氟利昂则被发现是平流层臭氧遭到破坏的主要因素，他的墓志铭因而也发生了改变。他成为“地球历史上对大气影响最大的个体生物”[1]。若不讲述汽油添加剂四乙基铅(TEL)的故事，这本讲述有害空气污染物的书将是不完整的。

在父亲的轮胎开发公司工作一段时间后，米基利开始为汽车电子启动器的发明者查尔斯·凯特灵(Charles Kettering)工作。1916 年，27 岁的米基利开始着手解决汽车引擎的“爆震”问题。根据“爆震”的严重程度，可以听到引擎处于负载状态下发出的相对无害的“发爆”声，或可能会损坏引擎的过早爆燃声。“爆震”限制了发动机的效率、动力，有时甚至影响寿命。这可能是早期的汽车被称为“老爷车”的原因。米基利提议了 143 种燃料添加剂来解决这个问题。最初的首选物质是由谷物和农作物废弃物制成的乙醇，但是由此产生的收益很少，任何人都可以制造它。米基利最终选择的解决方案是首次在德国发现的含铅化合物，其可以作为添加剂获得专利，投入生产后可以获得可观的利润[2]。1925 年，通用汽车的销量落后于福特汽车。通用反击福特的主打产品是高性能的凯迪拉克，但它的发动机存在严重的“爆震”问题。这一问题的最终解决方案就是米基利的添加剂。

铅的神经毒性是众所周知的事实。公元 1 世纪，一位罗马医生指出“铅会让人神情恍惚”。当时的铅污染来源于瓶罐上的含铅釉以及酿酒厂。在酿酒发酵过程中，铅条被置于酒桶中，形成醋酸铅或所谓的铅糖。吸引孩子们啃咬玩具和婴儿床上的含铅涂料的正是这种味道，它尝起来像柠檬滴剂。18 世纪，德文郡每年秋季都会发生严重的铅中毒事件，并且酒中所含的铅导致了铅绞痛的流行。1723 年，美洲禁止在朗姆酒酿造过程中使用铅卷，这是最早的公共卫生法规之一。但是，尽管有了这方面的知识，仍有人中毒。1818 年，在本杰明 · 富兰克林(Benjamin Franklin)担任驻法国大使时，他见到患者受到胃部疼痛、腕垂症的折磨，腕垂症是某些职业人群终身接触铅所引起的一种瘫痪。富兰克林表示，至少 60 年前，人们就已经知道铅是“有毒害效应”的，因此他质问道：“当一个对人体有益的事实被揭示后，要过多久才能得到普及和实践？”就铅而言，其慢性影响往往需要多年时间才能显露[3]。

随着铅的毒性作用在20世纪20年代被广为人知，米基利需要做些工作来说服政府相信他的TEL添加剂是安全的。最早的决定是将产品作为乙基推销，不提铅这个字。美国最大的三家公司——杜邦、标准石油和通用汽车共同创建了乙基汽油公司(Ethyl Corporation)。通用汽车公司聘请美国矿务局对产品进行调查，调查期间实施了严格管控，其中包括在整个项目的说明中一律用“乙基”取代“铅”。一位持不同意见的科学家质疑了报告的独立性，结果其长期合同结束后没有得到续签，未来几年此类事情频频发生。矿务局没有发现任何危害的证据，但TEL的生产启动后，对一些员工造成了灾难性的影响。

1924年10月26日，标准石油公司TEL实验室工作人员欧内斯特·奥尔加特(Ernest Oelgart)出现幻觉，在工厂里跑来跑去，自言自语“有3个人要抓我”。他入院不久就撒手人寰。在接下去5天里，又有4名工人死亡，还有35人出现了铅中毒特有的神经系统损伤。6名工人在另外2家工厂死亡，一家TEL工厂被称为“蝴蝶之家”，因为工人产生了“蝴蝶飞来飞去”的幻觉。然而，对工厂工人进行的排泄物检测表明，TEL车间工人的排泄物和其他车间工人之间没有差别。公司检测发现，墨西哥人和TEL车间工人的排泄物中均含有铅，这使他们得出结论——人体内含有铅是正常的。乙基公司声称工厂事件并不会对公众构成风险;工人要么是太粗心了,要么就是工作太辛苦了。在随后举行的为期一天的科学活动中,公司总裁将举证责任踢给公共卫生科学家们。他向科学家们发出挑战,请他们证明 TEL 这一“上帝的礼物”是危险的,因为 TEL 能够改进引擎,节省汽油,这一优点是显而易见的。米基利对他的产品非常有信心,他当着媒体的面,把产品倾倒在手心,并深深地吸气,尽管他自己因为早前的一次铅中毒,刚从工厂外休养回来。他大胆地宣称,在交通要道附近检测不到 TEL 的踪影。对 252 个加油站进行的一次短期测试显示,TEL 没有产生任何影响,1926 年,TEL 被批准使用[4]。

TEL 使用量不断增加,在最高峰时,约有 20 万吨铅经由欧洲和美国的车辆被排入空气中。在接下来的 40 年里,所有的 TEL 研究均由化学、汽车和石油行业赞助,并由毒理学家罗伯特·基霍(Robert Kehoe)主导。他负责调查 TEL 工人死亡案件。他的研究表明,该产品对健康无害。

最终对现有研究结果提出质疑的是一个不折不扣的“圈外人”。他叫克莱尔·帕特森(Clair Patterson),是一名地质学家,其朋友叫他“帕特”。帕特森一直致力于研究岩石中的金属同位素。他于 1922 年出生于艾奥瓦州,父亲是一名邮政局职员,母亲曾在当地的学校董事会任职,但点燃他的科学热情的是童年时代收到的一套化学仪器。20 世纪 60 年代,他因通过研究证明地球比人类所想象的更加古老而成名。接着,他又开始研究地球在过去 45 亿年中的变化。1965 年,他公布了一项奇怪的研究成果:通过测量取自大西洋和太平洋的样本,他发现目前每年排入海洋中的铅是历史排量的80倍左右。海洋表层的铅含量是底部的10倍。重要的是，帕特森指出，铅的正常浓度远远低于实际浓度。他估计，普通美国人血液中的铅含量可能是自然水平的100倍，接近毒理效应的水平[5]。这挑战了行业共识，基霍很不高兴。他指责帕特森蛊惑人心，因狂热而失去了理智。帕特森回忆道："来自乙基公司的一群人拜访了我，试图通过提供研究赞助来收买我，以使研究结果对他们有利。"他拒绝了这一请求。他被公开诽谤，专业精神受到质疑。他的长期研究合同被终止，一个代表团拜访了他的部门主管，要求解雇他。但帕特森仍然坚持不懈地进行调查，他随即又发现，TEL中的铅已经散布到世界各地。格陵兰岛冰层中的铅含量比工业化之前的水平高出100倍，偏远的南极洲的积雪中的铅含量则比之前高出10倍以上。后来，他获得被称为地球化学界诺贝尔奖的"戈尔德施密特奖章(Goldschmidt Medal)"，入选美国国家科学院，并拥有以他的名字命名的小行星和山峰。

虽然帕特森证明汽油中的铅已成为一种全球污染物，但他并不是毒理学家。后续的一些调查受到了TEL行业的极大影响。这时赫伯特·尼德曼(Herbert Needleman)出现了。20世纪70年代早期，尼德曼在费城北部的一个社区精神病诊所工作，当时他遇到了一位有着雄心壮志的年轻病人，病人很聪明，但是口齿不清。他的问题让尼德曼联想到铅中毒的孩子，尼德曼想弄清楚铅是否也是导致其他一些患儿生病的原因。要测量儿童体内含有多少铅并非易事。对尿液和排泄物进行测量仅能提供铅的近期摄入量数据，几乎无法反映其体内的累积含量。这是基霍早期对 TEL 工人进行的测量中所存在的一个严重缺陷。

从尼德曼的办公室可以望见一个儿童游乐场，这给了他灵感。他成了一名牙仙。超过 2 000 名儿童因上交乳牙而获得报酬，老师会检查每个孩子的换牙情况，以确保牙齿是他们自己的。尼德曼对每颗牙齿中累积的铅进行了测量。他请老师对孩子的行为进行评分，孩子们也在诊所接受测试。体内含铅量高的孩子在智力测验、重复句子和节奏方面的表现往往较差，他们的反应较慢，并表现出多动症。住在繁忙城市社区的孩子体内的铅含量高于郊区的孩子。尼德曼心里很清楚，必须采取行动减少孩子们在日常生活中的铅接触量[6]。但并非所有人都站在他的一边。

汽车和石油行业提出了强烈的反对意见，并开始诋毁尼德曼。两名年轻科学家前来探望尼德曼，称他们对冶炼厂附近的铅污染感兴趣。为了帮助他们，尼德曼分享了自己的数据。这些数据显示铅含量明显超过正常水平，于是他们按照套路，指控尼德曼有科学不端行为。此案被送交新成立的联邦科学诚信办公室，随后在尼德曼的母校进行了调查。调查官员走进他的办公室，撬开了文件柜和抽屉的锁。随后多年，尼德曼一直面临这一悬而未决的指控，但他仍然坚定不移，最终被证明是清白的[7]。

尽管有关 TEL 引起环境和健康危害的证据越来越多，但含铅汽油的停产并不是由于科学证据的发现或公众的强烈抗议所致，而是因为催化转换器的出现。催化转换器于 1970 年在美国面市，被用于清除汽油发动机产生的其他污染物和解决洛杉矶的烟雾问题(见第 5 章)。但是，催化剂中的铂的活性被含铅汽油所抑制，因此必须清除汽油中的铅。尼德曼和其他同事笑称："显然，技术比人更重要。"[8]

在 20 世纪 70 年代的欧洲，科学建议的采纳使汽油中的铅含量出现下降，但公众对铅的抵制直到 20 世纪 80 年代才真正开始。在英国，房地产开发商戈弗雷・布拉德曼(Godfrey Bradman)资助了一场全国性的无铅汽油运动。他聘用了经验丰富的政治活动家德斯・威尔逊(Des Wilson)来领导"无铅空气运动"[9]。威尔逊是一名记者，他于 20 世纪 60 年代从新西兰来到英国，给沉闷的英国公共生活带来了一缕新鲜空气。在开展无铅汽油的工作之前，他已经建立了一家流浪者慈善机构，开创了一种此前英国并没有的新型慈善模式。1983 年，在威尔逊的反铅活动开展两年后，皇家环境污染委员会(Royal Commission on Environmental Pollution)建议减少汽油中的铅含量。政府在 30 分钟内认可了调查结果。这是威尔逊以及与他一起工作的科学家和活动家取得的胜利。反铅活动结束了，目标达成了，威尔逊随后担任英国自由党领袖，并领导"地球之友"组织。

可悲的是，皇家委员会的第二项建议，即完全消除汽油中的铅，直到 16 年后，即 1999 年才得以落实。英国一直等到欧盟法律允许的最晚时间才禁止使用含铅汽油，比美国开始淘汰含铅汽油晚了 30 年。这是对威尔逊和无铅汽油倡导者们的一种背叛，他们认为自己已经取得了胜利。英国不愿意完全淘汰含铅汽油的两大可能原因是：英国汽车制造商对无铅汽油发动机的投资缓慢，而且英国的一家工厂是欧洲最大的TEL制造商；英国的禁令宣布10年后，曼彻斯特运河边上的奥克特尔工厂（Octel plant）成为世界上仍在制造TEL的最后一家工厂。在英国、欧洲和美国发布禁令之后，奥克特尔在发展中国家开辟了含铅汽油的新市场，创造了18亿美元的新销售额和6亿美元的利润。2010年，奥克特尔在英国法院被判有罪，罪名包括贿赂印度尼西亚国家石油公司负责人，为“护铅”活动提供资金，并通过行贿基金收买政府官员，企图推迟禁令的颁布[10]。

无铅汽油起效了。随着铅的消失，儿童体内的血铅水平下降，但是如果就此认为问题已经得到解决，那就未免言之过早了。我们在日常生活中都会接触铅，铅储存在我们的骨骼中并在我们的血液中循环。20世纪90年代中期，含铅汽油被禁用很长时间后，研究者采集了14 300名美国成年人的血样，并于2011年再次对他们进行测量。血铅含量最高的人较早地因心脏病而死亡，即使血铅含量较低的人也被发现存在此类风险。虽然与含铅汽油的斗争已经总体上取得了胜利，但我们还需要采取更多行动来遏制其他的铅接触途径，包括我们的饮用水和食物中的铅[11]。

含铅汽油的故事给了我们深刻的教训。最重要的一条是，未发现伤害的证据不等同于没有伤害。人体内正常铅含量标准与人体内自然铅含量标准不尽相同，当大量人群接触有毒物质时，两者之间的差异就显露无遗了。在关于 TEL 安全性的争论中，证明 TEL 为有害物质的责任被转移到了公共卫生专家身上。但事实上，该责任理应由乙基公司承担。早期的警告被一个热衷于为其新产品创造市场的行业所忽视。任何损害其业务的新研究都被系统地压制，相关研究人员也遭到诋毁。许多人被收买，得到了赞助或工作，转而支持该行业的发展。看来铅不仅影响了全世界儿童的智力，也影响了 TEL 生产商的道德，时至今日，其余威尚存。

第 5 章

腐蚀橡胶的臭氧

今天，当我们提到臭氧时，大多数人会马上联想到平流层臭氧空洞问题。然而，臭氧也存在于近地面的空气中，早期的空气探测者已经证明了这一点。同样是臭氧气体，但两者造成的问题却截然不同。

平流层中的臭氧被认为是有益的，可以保护我们免受太阳的有害紫外线辐射。1985 年，为英国南极调查局工作的科学家证实，臭氧层正在变薄。相关研究表明，气溶胶除臭剂和废旧的冰箱破坏了全球环境，这是我们始料未及的。对气溶胶的抵制和公众的强烈声讨促成了 1987 年的《蒙特利尔议定书》，该议定书对臭氧消耗物质的生产和使用施加了控制。议定书的实施极为迅速，构成了国际保护大气行动中的一个独特案例。其还为发达国家和发展中国家携手合作，共同支持和赞助相关实施工作提供了一个框架。

而针对近地面臭氧的国际控制行动并不太成功。近地面臭氧的当前和未来健康影响及其对粮食作物的损害应引起我们所有人的关注。该问题只能通过协调一致的全球行动予以解决，但这似乎还只是一个遥远的梦想。与其他污染物一样，人们对近地面臭氧的认识过程也经历了熟悉而漫长的过程，从初期行业和政府否认这一问题，到突然有一天新的调查证据浮出水面，公众意识到其全球性危害后向政府施加压力，要求解决这一问题。

1943年7月26日，在第二次世界大战的激战时期，洛杉矶的居民称他们受到了化学气体的袭击[1]。市中心的居民出现了眼睛刺痛、鼻涕直流和嗓子沙哑的症状。许多上班族不得不回家休息。烟雾笼罩城市，能见度降低到不足三个街区。这一情况持续了好几天。依这一事件的照片来看，它与伦敦和美国东部城市的烟雾事件完全不同，而且它发生在高温时期。痛苦的人们向市政当局寻求帮助，但没有人能够清楚地回答烟雾来自哪里或什么时候会消失。最初的解释是由于公共交通罢工导致交通量增加，但这一理由很快站不住脚。据《洛杉矶时报》报道，儿童因为眼睛刺痛而无法集中注意力，甚至有一名儿童的眼睛因肿胀而无法睁开。《洛杉矶时报》支持清洁空气，并邀请专家撰写可行的解决方案。记者称这场烟雾"降低了能见度，发动了一场让人流泪的围攻"[2]。此前几十年里，人们从东部工业区搬到洛杉矶，原因正是因为洛杉矶清新的空气和健康的生活方式，但是显然，如今这里也出现了问题。

首先，大家将矛头指向一家合成橡胶工厂，该工厂刚刚投入生产，用于满足战争需求，但工厂的上风和下风处均存在烟雾，这意味着工厂不是烟雾的来源。初期行动重在沿用其他城市的解决方案，主要举措是减少烟雾。有些措施有效果，例如禁止在后院焚烧垃圾，并采取强制性垃圾收集措施，但很明显，洛杉矶的烟雾与其他地方的不同，需要采用新的解决方案。

化学家阿里·扬·哈根斯密特(Arie Jan Haagen-Smit)解释并解决了这一问题[①]。他是一名植物学家和生物化学家，朋友们叫他“哈根斯密特”或“哈根”。他出生于荷兰，父亲是荷兰铸币厂的一名化学家。哈根斯密特曾有过成为数学家的念头，但他认为，如果和父亲一样成为一名化学家，工作前景会更好。1936 年，随着战争的硝烟笼罩欧洲，他被招募到美国工作，合同期限为一年，但很快就在加州理工学院内站稳了脚跟。在洛杉矶发生烟雾事件时，他正忙着分离让菠萝产生香甜味道的化学物质。1943 年的“毒气袭击”事件发生后，哈根斯密特短暂地对烟雾问题进行了调查。他的初步调查结果将矛头指向了石油化工行业，接着他又回去继续他的菠萝研究。如果工业界没有对此作出反击，那么他对空气污染科学的贡献也将画上句号。据哈根斯密特的妻子祖斯(Zus)回忆，哈根在发现自己的烟雾调查结果遭到公开抨击后十分愤怒，内心深受伤害。一名来自斯坦福德理工学院(Stamford Institute of Technology)的批评者给哈根斯密特写了一封信，他直言不讳

① 欲了解此人的更多信息，请访问 http://calteches. library. caltech. edu/368/1/haagensmit. pdf。

地表示:“我得到了石油工业的资助。你知道,我必须说这些话。”[3]。为了反驳这些批评,哈根斯密特不情愿地搁置他的食品调味研究,并最终找出了洛杉矶烟雾的真正成因,重新为自己赢回了声誉。

由于拥有植物生物学的背景,哈根斯密特在研究中使用植物并不奇怪。他在停车场建造了一个巨大的密封的树脂玻璃室,玻璃室接受阳光照射,以便模仿烟雾现场。他知道这种新的烟雾会破坏庄稼,于是搬来菠菜、甜菜、菊苣、燕麦和苜蓿,并将它们暴露于蒸馏的石油蒸气和二氧化氮(来自汽车尾气)、臭氧和紫外线中,以计算有害物质的含量。他还招募对烟雾敏感的人进行了类似的实验。志愿者被关在房间里,然后测算经过多长时间他们会流眼泪。有时他还在实验室中制造浅蓝色的浓雾,使得室内的能见度不超过几米。慢慢地,烟雾的谜团被揭开了。

在户外测量烟雾更难。像约翰·斯威策·欧文斯一样,哈根斯密特需要一种简单的方法来测量整个城市的烟雾。许多基于实验室的专业工作无法在城市范围内开展。再三考虑后,他决定测量烟雾造成的损害。洛杉矶的烟雾破坏橡胶制品,导致它们破裂。在塑料得到广泛使用之前,橡胶拥有十分广泛的用途,因此橡胶的破裂是一个大问题。哈根斯密特的团队想到了一个巧妙的办法,他们每隔 1 小时就在户外放置拉伸的橡胶管,然后等待裂缝出现。有时候,要等待 45 分钟或更长时间,橡胶管才开始开裂,但是在烟雾天气,6 分钟以后裂缝就开始出现。

最后,哈根斯密特解开了这个谜团。1943 年的“毒气袭击”事件和随后的烟雾并非因煤炭或废物燃烧而起,而是源于洛杉矶的空气。阳光与空气污染相互作用,整座城市就像一个巨大的化学反应实验室。紧接而来的烟雾是由汽车尾气造成的,包括氮氧化物和未燃烧的燃料蒸气,以及来自炼油厂和加油站的石油蒸气。哈根斯密特发现并揭示了一种全新的空气污染,它来自一种新的来源:汽车及其燃料,且污染程度正在不断加剧。1952 年,就在伦敦爆发烟雾事件的前几个月,他发表了一篇关于洛杉矶烟雾和臭氧污染的重量级论文[4]。

在一个石油行业占主导地位、人们日益依赖汽车的地区解决污染问题并不容易。汽车是进步的象征,也是美国梦的一部分。不出所料,早期的反击来自炼油行业,他们认为近地面臭氧是天然的,来自平流层,与石化产品没有任何联系。然而,这种说法在 1954 年被彻底推翻,当时的测量结果显示,加利福尼亚海岸附近的卡特琳娜岛(Catalina Island)上的臭氧含量很低,而洛杉矶的居民却被烟雾所笼罩。问题出现在城市内部和周边地区。

据哈根斯密特的妻子回忆,石油和汽车行业步步紧逼,抓住一切机会反击[5]。哈根得到了工程师和科学家的尊重,但石油和汽车行业的高级管理层拒绝采取任何可能增加成本的行动。尽管如此,法规依然逐步被落实到位。首先要控制的是炼油厂和加油站每天蒸发的 700 吨汽油。为储油罐增加顶盖设计减少了一半以上的蒸发量,加油站的控制举措也避免了蒸气外溢。紧接着,20 世纪 60 年代又制定了改善燃料的法律，规定去除烯烃等最易形成臭氧的化学物质。然而，直到70年代，当第一批催化转换器投放市场后，清洁汽车尾气的工作才取得了实质性进展。20世纪60年代后期，罗纳德·里根(Ronald Reagan)担任加利福尼亚州州长，他在这场战斗中发挥了作用。虽然作为美国总统，里根并不因环保行动而著称，但他创建了加州空气资源委员会(California Air Resources Board, CARB)。从那时起，CARB就一直扮演空气污染治理领域的世界领先者角色，其尤其关注交通类空气污染，并在揭露"柴油门"丑闻事件中发挥了重要作用(见第10章)。

1977年去世时，哈根斯密特已经是美国最著名的环保活动家之一。但最值得称道的是，他喜欢研究烟雾：每天的烟雾有什么不同？烟雾来自哪里？"我每日查看图表，了解空气中含有多少烟雾，当发现只有少量烟雾时，甚至还会感觉有点失落"，他有一次坦言[6]。

洛杉矶的光化学烟雾开始在美洲的其他炎热地区，如墨西哥城出现，但有关欧洲可能会爆发此类烟雾事件的观点均被皇家内科医学院(Royal College of Physicians)自信地否定了。强烈的阳光被认为是导致洛杉矶烟雾的关键因素，在灰暗潮湿的欧洲土地上，臭氧不值得担心。这一问题已经于20世纪50年代形成定论，清洁空气的斗争全部围绕控制煤炭烟雾展开[7]。皇家内科医学院的医生并不是坚持这一观点的唯一群体，它是当时的科学共识。蒙苏里天文台19世纪晚期的测量结果(参见第2章)曾显示，欧洲北部地区在夏季会形成臭氧，此时汽车和炼油污染尚未出现，但这一数据不幸被遗忘，尘封在巴黎的档案馆内。

1972 年，《自然》杂志刊发了论文《英国发现已在部分城市造成危害的光化学污染的踪影》(*Photochemical Pollution of the Kind Which Occurs in Some Urban Environments Has Been Observed in Britain*)。在承认“由于西欧光照较少，人们普遍认为不太可能发生光化学空气污染”后，该论文接着向读者证明，研究人员在炎炎 7 月的某一天在牛津郡乡村地区发现了臭氧。荷兰和德国的研究人员提供的一些补充证据表明，牛津郡的事件可能并不特殊。经过仅仅 35 天的测量后，研究人员又发现，英国绿色乡村地区的臭氧含量高出美国健康标准的 5 倍[8]。也许我们过于自信，或者过于专注于煤炭制造的烟雾，才忽略了这一问题？经过大量调查后，研究人员发现了更多含有臭氧的夏季烟雾。

这些研究结果发布时，英国政府的空气污染实验室正受到批评，亟须提高研究质量[9]。为此，它提出了一项雄心勃勃的研究计划。实验室组建了一个背景更加广泛的科学家团队，并在英格兰东部到爱尔兰南部之间设立了一系列测量站点。研究人员获准进入东安格利亚(East Anglia)的一座水塔，并获得了牛津郡和科克郡(Cork)附近的阿德里戈尔(Adrigole)的地方委员会的帮助[10]。实验室中有一名科学家叫詹姆斯・洛夫洛克(James Lovelock)，他即将成为家喻户晓的人物。出名的原因不是他的空气污染研究，抑或他的发明，而是他作为一名环保自由思想家提出了盖亚假说(Gaia hypothesis)。盖亚假说使科学家们开始用新的视角思考全球性问题，并俘获了20世纪70年代环保行动兴起时的一代人的想象力。时至今日，它仍引起人们的讨论①。21世纪初期，洛夫洛克提倡核电，这让许多环保主义者瞠目结舌，深感失望。他指出，这是应对气候变化的必要解决方案，人类需要采用新的防御措施来应对未来的气候带给地球的无可避免的影响，如建设新港口和防洪工程。团队中还有一位科学家名叫理查德·"迪克"·德温特(Richard"Dick"Derwent)[11]，他刚从剑桥大学毕业，将在未来几十年的空气污染研究中持续发声。作为一名对数据有着无尽热情、对监测站了如指掌的大气化学家，德温特热情地支持每一位(例如我)致力于测量大气构成的科学家。他还解释了伦敦1991年爆发的第一次交通烟雾事件与空气污染之间的关系，以及欧洲和全球空气污染的特征。

该团队认为，牛津郡乡村地区的早期测量结果并非一次性的偶发现象。他们一再发现，英格兰南部地区的污染水平实际已经超过了美国人体健康标准所允许的范围，但被曝光的只是被烟雾笼罩的地带。臭氧和其他烟雾污染物可飘移逾600英里。哈根斯密特发表的洛杉矶臭氧事件观点导致人们认为这只是城市地区的问题，但该团队证明，如果各个城市单独行事，臭氧污染问题将得不到解决。随后他们进行了更多测量，证实了伦敦的污染水平已经超过美国标准，而且伦敦的

① 简言之，盖亚假说指出，地球上的生命在一个自我调节系统中为自己设计并创造一个可持续的环境，从而使地球在过去200万年中一直适宜居住。请参阅https://www.newscientist.com/round-up/gaia/。

空气污染与洛杉矶的空气污染实质上并无太大差别。受英国以外的污染源的影响，臭氧污染在1976年的高温时期尤为严重。臭氧的影响范围极其广泛，此外，由于其在空气中形成需要一定的时间，因此，受益于周末的低交通流量，星期一和星期二的臭氧浓度往往较低，但到了星期三以后，臭氧水平就上升了[12]。

英国的臭氧问题是西欧地区最不严重的，污染最严重的地区是地中海区域。意大利北部的波河河谷（Po Valley）就是一个污染重灾区。与洛杉矶一样，波河河谷地处盆地，受污染的空气常常在河谷内滞留。该地位于阿尔卑斯山和亚平宁山脉之间，有1 200万人口，是都灵和米兰周边的大规模工业区。很明显，要在欧洲控制这一污染物，还有许多前期工作要做，但与洛杉矶面临的挑战不同，欧洲已经有现成的解决方案可以采纳。

自20世纪70年代起，英国的污染防治工作取得巨大进展，主要成就集中在交通和石油工业领域。但是，正如前文所述，受欧洲继续使用含铅汽油等因素的影响，用于清洁汽车尾气的催化转换器被推迟到90年代才得以采用。2000年以后，英国每年高温期间的臭氧水平约为1976年高温期间的三分之一，但在英国破纪录的高温年份2003年，臭氧仍被认定为导致英国当年新增423～769例死亡的原因[13]。洛杉矶的经历告诉我们，我们应该重视烟雾事件。科学家们还对在高度污染的房间内锻炼身体的成人和在烟雾弥漫的午后爆发呼吸疾病的夏令营儿童进行了调查，调查结果提供了更多证据。

在过去10年中，我们认识到了吸入臭氧可能会缩短人类寿命这一不幸事实[14]。更令人担忧的结果来自2017年发表的一项研究，它分析了6 100万名纳入医疗保险体系的美国老年人的健康记录[15]。研究发现，臭氧会缩短寿命，在某些情形下，就连生活在符合美国现行标准的地区的居民都会受到影响。我们需要提高现行标准，并需要采取行动进一步减少臭氧。

第 6 章

酸雨和颗粒物

让我们重新回到英国,在本书第 3 章,我们提到英国正在设法解决燃煤烟雾问题。冬日的天空中,四处弥漫黄色浓雾和黑烟云团的景象基本已经成为历史,但《清洁空气法》只针对燃煤产生的烟雾,并没有提及燃煤产生的硫。这为 20 世纪 70 年代和 80 年代的重大环境危机埋下了种子。一开始,硫的影响较小,只有少数生态学家表示了担忧,但到了冷战时期,它在欧洲制造了严重的国际紧张局势[1],并最终引发了迄今规模最大的一次空气污染斗争。这不仅是公众和不作为的政府之间的一场争论,也是欧洲和北美国家之间的一场争论。

到了 20 世纪 70 年代,战后的工业扩张意味着欧洲燃烧的煤炭比以往任何时候都要多。但人们解决煤烟问题所采用的办法并不是减少燃煤量,而是燃烧大量的石油。两种燃料都含有硫,此后 20 年间,进入欧洲空气中的硫含量几乎翻了一番。这产生了严重后果。

人们早就知道空气中的含硫气体使雨水变酸。19 世纪

70 年代,罗伯特·安格斯·史密斯(Robert Angus Smith)发现“城区的雨水,甚至距城区几英里远的地方的雨水都不纯净,不能饮用”。多年来,雨水中的酸性物质一直在侵蚀历史建筑的石头外墙和雕像。到了 20 世纪 50 年代,将军和政治家雕像上的耳朵和鼻子消失了,石像鬼不那么可怕了,建筑物上的雕刻文字也变得模糊了。

但是,史密斯发现,降落到土地中的酸雨“在经过土壤过滤后可以变得十分纯净”。即使在 20 世纪 70 年代,人们普遍认为自然界会吸收污染物并使其变得无害。工业与自然之间形成了完美的平衡[2]。但这真是大错特错了。

最早敲响警钟的是一位名叫布莱扎尔夫·奥塔(Brynjulf Ottar)的挪威科学家。他是 1969 年成立的挪威空气研究所的第一任所长,也是其第一位员工。奥塔挺身而出,清楚地陈述了事实。全欧洲的降雨正在发生变化[3]。1955 年,酸雨只出现在中欧,最北到达丹麦,但斯堪的纳维亚半岛未受影响。仅仅 15 年后,瑞典大部分地区和挪威南部的降雨都呈酸性。斯堪的纳维亚的土壤类型特别脆弱,许多森林、河流和湖泊受到了灾难性的破坏。瑞典共有 9 万个湖泊,酸雨影响了其中的四分之一,4 000 个湖泊变得毫无生气,之前健康翠绿的松树如今看起来像一个个枯木桩。树木焦枯的悲惨景象引发了欧洲公众的抗议,其中特别值得一提的是德国的绿色运动。*Waldsterben*,表示“森林焦枯”的德语词汇,代表了时代热点,成为西方媒体报道中的流行词。加拿大东部和美国相邻地区的湖泊和森林也遭到了酸雨的破坏。

酸雨突然大量出现，着实令人震惊。一场阵雨中含有的硫可能达到森林每年吸入硫总量的近三分之一，生态系统迅速遭到破坏。春季，融化的酸性降雪可以杀死湖泊和整个河流系统中的鱼类[4]。

所有人都认为酸雨是由当地工业和附近城市所致，但奥塔并不这么认为。他仔细计算了斯堪的纳维亚森林中含有多少有害的硫，并将其与斯堪的纳维亚国家燃烧煤和石油所产生的硫进行了比较。两者并不匹配。斯堪的纳维亚的森林、湖泊和河流中的硫含量远高于这些国家燃烧煤和石油产生的硫。多余的硫污染肯定来自其他欧洲国家。这不是各国自己的问题，而是一个国际问题，需要各国同步控制污染[5]①。

国际危机不断升级，华约国家和北约国家之间的局势日益紧张。1983 年，苏联击落了一架韩国民用客机，它被误认为是一架美国间谍飞机。欧洲展开了大规模的军事演习，美国总统罗纳德·里根正在西德部署新的中程核导弹。各方都同意需要缓和局势，环境可能是铁幕双方之间争议最小的议题。苏联和华约国家突然成为减少硫排放的强有力支持者，它们支持减少 30% 的排放量，并成为首批核准议定书的国家[6]。

对于苏联此举的动机，各方持不同观点。第一种观点认为，苏联通过积极参与环保行动迎合西欧公众，使自己看起来

---

① 空气污染会远距离传播并对生态系统造成破坏的观点并非首次提出。1661 年，约翰·伊夫林记录了法国酿酒师的投诉，他们的葡萄园因来自英格兰的烟雾而遭受损失。

像受到美国无端侵略威胁而被迫自卫反击的一方。第二种观点则认为这主要是一种权谋。苏联突然热衷于控制硫的行动,是否就是为了离间西方盟友?如果是这样,它非常有效。受污染的空气四处飘移,各国之间彼此指责,这导致美国和加拿大之间,斯堪的纳维亚国家与欧洲其他国家之间,以及英国与所有其他国家之间出现关系紧张的局势。

奥塔的研究发现,受工业燃煤和燃油以及西风的影响,英国成为欧洲最大的含硫空气出口国[7]。这使得英国在国际谈判中被孤立,被贴上“欧洲最脏国家”的标签。“将发电厂转移到农村,建造高大的烟囱,这些措施减少了当地的空气污染,但无法阻止硫在数千英里的范围内飘移。情况反而变得更糟,奥塔的团队可以证明这一点[8]。他们驾驶飞机从挪威穿越北海飞往英国,在空中拦截英国发电厂排出的含硫烟团。高烟囱使污染物均匀散播的观点被彻底驳倒。随着飘移距离的增加,烟团并未散开,而是呈水平柱状飘移,直到污染物蔓延到斯堪的纳维亚半岛的森林和湖泊。英国绝大多数的煤炭和石油发电站都没有采取控硫措施,只有两个发电站例外——伦敦的巴特西①和河畔发电站(即现在的泰特现代美术馆),尽管它们的意图都是为了保护附近的历史建筑,而非环境。两者都采取水洗脱硫法,由于泰晤士河已经受到重度污染,没有任何幸存的鱼类或水生生物,所以排入废水也就不足

① 据我父亲回忆,20世纪50年代,伦敦南部的道路上有很多白色污渍,它们是卡车运送白垩和白垩泥至巴特西发电站所留下的。

为惧了[9]。

此时，英国的发电厂是国有产业。随后发生的事情让人想起今天各利益相关方是如何极力否认气候变化的。可耻的是，英国科学家和公务员在科学期刊和大众媒体上长篇大论，诋毁奥塔的工作。他们避重就轻，强调各种不确定性因素，并拐弯抹角地列举种种疑点[10]。他们还对森林的毁坏以及鱼类在酸化的斯堪的纳维亚河流中死亡的事件予以轻描淡写。在《自然》杂志一篇题为《百万美元问题——10 亿美元解决方案？》的评论文章中[11]，他们轻浮和傲慢地提出，英国可以提供碎石灰石，将其撒入挪威的河流中就能解决问题，而无须采取清洁工业的措施。甚至更令人难以置信的是，他们认为如果挪威人不接受这一提议，那将是愚蠢的。一国应为其工业对另一国造成的损害负责，这一观点也受到了攻击。为了避免花钱治理污染源头问题，包括花钱清洁排放物或去除部分发电站使用的重燃油中的硫等，他们提出了其他更便宜的解决方案，例如用聚合物涂料覆盖历史雕像，或者鼓励垂钓者换一个有鱼的湖泊钓鱼[12]。最后，撒切尔政府作出让步，英国于 1985 年同意了减硫目标。

空气污染控制计划中忽视硫，导致的并非只有酸雨这一个问题。硫还引发了其他城市问题。20 世纪 70 年代，城市地区已经不再使用煤炭，而是使用无烟燃料和天然气加热。弥漫在英国各大城市上空的黑烟基本消失了，但测量空气污染的主要方法仍然基于欧文斯 50 多年前专为燃煤城市所设计的仪器。用了几十年之后，科学家开始质疑这些测量结果的真正含义。大卫·鲍尔(David Ball)和罗恩·休姆(Ron Hume)是大伦敦市议会调查组的成员[13]。他们指出了城市空气污染传统认识中的两大问题。

第一个问题是冬季采暖理论。由于夏季和冬季空气中的黑烟含量已经十分接近,因此冬季采暖理论已经不再适用。那么是什么东西导致了污染?鲍尔和休姆立即就能给出答案。当时,铅被用作汽油中的添加剂,伦敦人每天都在呼吸铅颗粒。当过滤器变黑时,其中的铅含量也增加了。因此,煤炭不再是城市面临的主要挑战:柴油和汽油车尾气现在是伦敦空气中黑色颗粒的主要来源。交通尾气的问题必须加以解决。这一消息并不受欢迎。每个人都希望听到我们的空气污染问题得到了解决。

第二个问题是在鲍尔和休姆将使用黑色标度仪计算出的颗粒浓度与使用更复杂的称量过滤器得出的结果进行比较后发现的。交通和煤油燃烧只占总重量的15%。测量粒子的黑度并不能揭示有关人们吸入的剩余85%颗粒的任何信息。传统的测量方法忽略了伦敦空气中的绝大多数颗粒。

20世纪20年代,欧文斯已经注意到非黑色颗粒产生的雾霾,调查组开始着手对它们进行测量[14]。他们照亮空气中的颗粒,使其变得可见,就像用手电筒照射水滴和灰尘一样。这些颗粒非常善于散射光线。它们并非来自任何烟囱、工厂或汽车的污染物,那么它们到底是什么呢?鲍尔和休姆认为它们可能源自空气中的其他污染物,主要是燃煤产生的含硫气体、燃油烟气和交通尾气。

20 世纪 80 年代末和 90 年代发生了空气污染测量的革命。新仪器与英国的黑烟测量法相比有了巨大的进步。它们能够捕获与我们所吸入的颗粒大小相同的粒子，并实时对其进行测量。结合有关现代空气污染对健康影响的新知识，英国专家提出了一个颗粒污染标准（特别是 PM10），并指出每年超标的天数不得超过 4 天[15]。然后他们开始跟踪这一新的健康标准的实施效果。效果并不令人满意。事实上，成效很差。

烟雾并没有消失。1996 年 3 月，英国大部分地区都出现了严重污染，且持续了近两周的时间，奇怪的是，农村与城镇的情况大致相同[16]。这是因为欧文斯检测到的颗粒重新出现了吗？还是它们一直就存在于空气中？1996 年的事件交由政府咨询委员会进行了审查。其中一位成员约翰·斯特曼（John Stedman）①评论道："目前尚不清楚此类污染的发生频率。"[17]不久答案就揭晓了，新仪器的测量结果显示，欧洲每年 3 月的空气中都含有这些此前无人知晓的颗粒，这与欧文斯在 20 世纪 20 年代的测量结果一致。

然而，与欧文斯不同的是，到了 1996 年，我们能够测量颗粒的成分，结果发现大约三分之一为硫酸盐颗粒，这印证了鲍尔和休姆在 20 世纪 70 年代的猜测。其中还包括硝酸盐颗粒和有机碳颗粒。硫酸盐是由燃烧富含硫的燃料（主要是煤，但也包括石油、柴油和天然气）产生的二氧化硫形成的。二氧化硫不是转变为酸性颗粒的唯一污染气体。氮氧化物气体也会

---

① 在本书第 10 章，我们将在伦敦中部地区的一辆厢式货车中见到约翰的叔叔。

发生相同反应，并形成硝酸盐颗粒。后者因高温燃烧产生，氮和氧分子（原子对）在高温下分裂，又重新组合成含有一个氮原子和一个氧原子的分子。这是柴油机废气丑闻中涉及的主要污染物，本书第10章会提及此事。硝酸盐颗粒对森林和沼泽地造成的危害与硫酸盐不相上下，"迪克"·德温特（与詹姆斯·洛夫洛克并肩作战的一位科学家，前文已经提到过）对其在欧洲的传播进行了研究。

所有这些粒子都与欧文斯在诺福克度假期间发现的粒子的大小相同。欧文斯已经发现，这些颗粒非常善于散射光线和降低能见度。几乎可以肯定，这些颗粒是造成他在城市下风地区和英国偏远地区所观察到的烟雾的原因。人们在20世纪20年代和更早的时候就已经在吸入这些颗粒了，但当时没有办法检测。这些颗粒是其他污染物在空气中发生化学反应后形成的。因此，它们存在于广泛的区域，并能进行远距离迁移。鲍尔和休姆，以及此前的欧文斯的观点都被证明是正确的。

虽然知道了这些颗粒物的组成，但我们没有应对方案，它们仍然困扰着我们的城镇和乡村，特别是在春天。每年春天，空气颗粒污染事件都会登上西欧各大报纸的头版。对于试图控制空气污染的政策制定者来说，它们真的令人伤透脑筋。作为紧急应对措施，巴黎和其他法国城市的道路在某些日子禁止奇数或偶数牌照的车辆通行，以试图控制污染，但这只是徒劳。2014年4月，时任英国首相戴维·卡梅伦（David Cameron）发布的一条推文称，由于空气污染，他计划取消晨跑，这引起了媒体蜂拥报道。

虽然这些颗粒一直存在于我们的空气中，但春季是颗粒污染的高发期，这一事实破坏了我们对于“春暖花开，绿意盎然”的春天的遐想。为解决春季颗粒物污染的问题，我们不仅要从城市或工厂入手，还要从农村入手。农业加剧空气污染的事实令许多人感到意外，但二次粒子混合物中的一个主要元素是氨。它与二氧化硫和氮氧化物混合，使它们从气体转化为颗粒。氨主要来自农场。在整个欧洲，农场动物是氨的主要来源。在英国，一半的氨来自牛粪和泥浆，还有四分之一来自家禽。就欧洲而言，猪产生大量氨，特别是在荷兰、丹麦和布列塔尼。在许多地方，秋季和冬季的用污泥施肥受到限制，以防止河流和用水污染，但如此一来，这一作业就只好在春季进行，春季还要对农作物施肥，将牲畜赶到户外。农业排氨量陡增是导致每年西欧受春季污染困扰的原因。

控制污染并不容易。减少二氧化硫可以减少硫酸盐颗粒，但会形成极易吸收氨的硝酸盐颗粒。我们需要采取紧急行动，同时控制上述三种污染物，特别是氨。以 2014 年的春季颗粒物污染为例，仅英国一个国家就有约 600 人过早死亡[18]。

控制欧洲的空气污染和酸雨问题需要城市和国家共同努力，并将农业也纳入行动范畴。颗粒物可以在距离污染源数百英里的地方形成，并且正如欧文斯所预测的，由于体积小，它们可以在空中停留一周或更长时间。为了控制一个城市甚至一条街上的空气污染，我们必须在更大的区域内采取行动。

在远离欧洲的地方，情况如出一辙。有关北京的新闻报道中提到了当地发生的雾霾，其与20世纪初期欧文斯在欧洲见到的烟雾几乎一模一样。

设想一下，若欧文斯在诺福克度假期间改进的仪器成为标准测量仪器，而不是黑烟测量仪，那么将会发生什么？这样的思考很有意思。我们或许能够更早地对颗粒问题有一个更全面的认识，从而可以更好地控制硫的排放，减少二次粒子以及硫和酸雨对欧洲景观造成的破坏。

尽管《远距离越境空气污染公约》出台的时候恰逢紧张的冷战政治时期，但自1983年生效以来，其影响力持续扩大，时至今日也不例外。该公约是受联合国欧洲经济委员会保护的一个独特国际机构，致力于减少欧洲和北美洲的空气污染。在经过连续几轮的商议后，各国设定了未来的空气污染治理目标，并共同努力实现这些目标。它减少了空气污染，减少了对环境的影响，推动了空气污染科学的发展。今天，我们采取了减少煤炭和重质燃料油的燃烧量的措施，并在欧洲实施了严格的烟囱排放法，因此，与20世纪七八十年代相比，酸雨造成的危害已经大幅减少。然而，在欧盟国家中，仍有7%的国家的硫排放量高于其土壤处理容量。在斯堪的纳维亚半岛、英国和中欧的部分地区，酸性土壤和水仍然是一个问题，受损地区需要数十年才能恢复。受氨和硝酸盐空气污染影响，欧洲63%的地区仍存在土壤问题，包括欧洲大陆大部分地区、爱尔兰以及英国和斯堪的纳维亚半岛的南部地区[19]。类似的问题正在其他地方逐步显现。2010年，中国一半的城市和40%

的土地受到酸雨影响。酸雨的长期影响尚未显现[20]。

虽然我们对硫酸盐和硝酸盐颗粒的了解直到20世纪晚期才真正开始，但我们对另一类非黑色颗粒的了解要到更晚的时候才开始。这一类颗粒是有机碳颗粒，即碳与氧、氢等元素结合在一起产生的颗粒。现在我们已经知道，这些颗粒在空气中的日子并不好过，常常需要改头换面。根据一天中气温的不同，它们会从颗粒变为气体，又从气体重新变回颗粒①，还会相互发生反应。空气中的碳氢化合物颗粒和气体还会受到侵蚀和氧化，与一只苹果被切开了放在桌上发生的变化一样。

一些有机颗粒起源于天然气体。一个典型的例子是来自松树林的蒎烯，这种化学物质赋予松树独特的气味②。大部分有机颗粒因燃烧碳氢化合物产生，关于这一点，科学界还曾展开过一场大辩论，争论的焦点是汽油或柴油机尾气与城镇空气中有机颗粒的增长之间的关系，特别是其对距离较远的下风处地区的有机颗粒增长的影响。

通过共同努力，欧洲国家实现了冷战期间定下的硫排放量减少30%的目标，且实际减排率远高于30%。据当时的估计，与欧洲其他污染控制措施结合使用，其在2011年前每年可以减少大约8万例早逝病例，并每年能为欧洲经济体节省相当于GDP1.4%的开支[21]。但这么做就足够了吗？

---

① 硝酸铵颗粒也是如此。在炎热的白天，它们变成气体，然后又在凉爽的夜晚变成颗粒。比较恼人的是，当你试图测量它们时，它们的形态也会发生改变。

② 因此，种植某些树种来改善城市空气可能会产生不利影响。

大部分颗粒污染是因污染物之间发生化学反应而产生的，认识到这一点对于控制空气污染至关重要。在决定治理污染物时，我们需要了解污染物的毒性、直接危害及其能在大气中引发的化学反应。但是，治理污染是一项极其艰巨的挑战。我们排放的污染物与我们呼吸的二次粒子之间缺乏直接联系，这使得很难有效控制污染物。空气污染在各国之间的特殊传播方式，以及近乎无形的现代颗粒物污染，使得说服城市和国家当局采取行动变得异常困难。工业和污染者很容易找理由反对治污措施，但控制污染无疑会带来巨大的收益。

第 7 章
六城研究记

到了 20 世纪 70 年代，伦敦的烟雾已经成为遥远的记忆。最后一次大烟雾发生在 1962 年，看起来英国的城市空气污染问题已经得到解决。设于伦敦圣巴塞洛缪医院（St. Bartholomew's Hospital）内的全球领先的医学研究委员会空气污染处被撤销。在政府的眼中，它已经完成了使命，没有存在的必要了。

在英国关闭研究机构的同时，道格·多克里（Doug Dockery）及其同事正在美国开展一项新的研究——研究空气污染对健康的影响。当他们用近 20 年时间完成研究并发布革命性的成果后，人们对空气污染的看法被彻底改变，其所产生的影响甚至比伦敦 1952 年的烟雾事件更为深刻。

多克里并不是医生或健康专业人士。他的第一个学位是物理学，后来慢慢地借助气象学和环境科学来研究周围的环境对健康的影响。多克里及其团队来自波士顿的哈佛大学公共卫生学院。该学院成立于 1913 年，旨在培训公共卫生专业人员，为全球人口的健康服务。其研究人员首先研究传染病，在20世纪50年代，他们发明了铁肺，拯救了诸多脊髓灰质炎患者的生命，随后又研究出了疫苗，并因此获得诺贝尔奖。他们还领导了消除天花的行动①。能够与这些成就相提并论的是，多克里及其团队在六个城市开展的一项空气污染研究。

此项研究涵盖六个城市（以下简称"六城研究"），始于1974年，研究对象为从六个选定地点随机挑选的居民，共计8 111人[1]。这六个地点为马萨诸塞州的沃特敦（Watertown）、圣路易斯部分地区、俄亥俄州斯托本维尔（Steubenville）的钢铁镇，以及三个污染程度相对较低的城镇，即威斯康星州的波蒂奇（Portage）、田纳西州的哈里曼（Harriman）和堪萨斯州的托皮卡（Topeka）。参与者填写了关于体重、身高、吸烟习惯、职业和病史的调查问卷，并且每个人都进行了呼吸测试。随后每一年，多克里的团队都会向所有人发送一张明信片，以确定他们是否仍然健在。如果没有回复，他们会派一名调查员联系其家人、朋友和邻居，以了解具体情况。这一过程持续了16年。在此期间，有1 930名实验对象死亡。这一数字并没有什么特别之处，但是谁死了、生前住在何处，却非常关键。斯托本维尔和圣路易斯的居民比托皮卡和波蒂奇的居民过世得更早。排除吸烟人数、体质指数和其他健康危害后，城镇之间仍然存在无法解释的差异。然而，将这些差异与每个城市的

① 欲了解有关哈佛大学公共卫生学院百年成就的更多信息，可访问 https://harvard magazine. com/2013/10/100-years-of-hsph。

颗粒污染进行对照时，研究人员发现了一种非同寻常的规律。

回忆一下你在学校实验室做过的实验，做完实验在方格纸上绘制实验结果时，总会有一些偏移的点存在。根据预期，一项为期 16 年的实验应该包含许多变量和异常情况，但研究团队却绘制出了近乎直线的关系图，使其成为空气污染科学史上最著名的关系图之一。图 7-1 是使用多克里团队的原始数据重新绘制的图[2]。

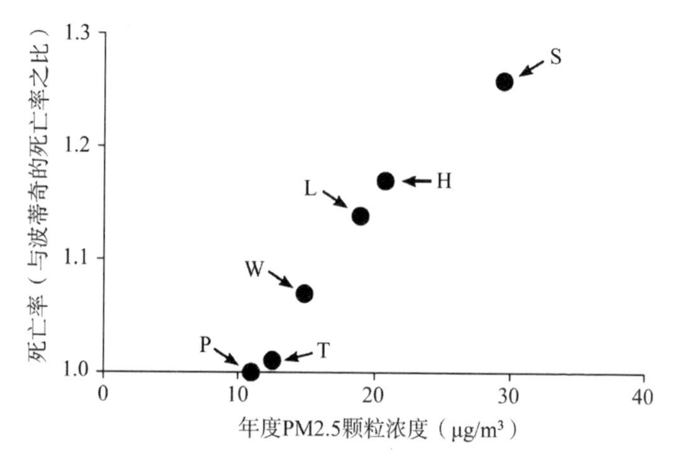

图 7-1　“六城研究”揭示的死亡率和细颗粒浓度

P=波蒂奇，T=托皮卡，W=沃特敦，L=圣路易斯，H=哈里曼，S=斯托本维尔

斯托本维尔的居民因周边交通和工业的原因，吸入了大量空气污染物，死亡速度比波蒂奇的居民快了近 30%。人们不仅死于肺部疾病，而且与伦敦 1952 年的烟雾事件一样，还死于心脏疾病。严格来说，这并不是第一项揭露现代日常空气污染损害健康的研究，但其他研究的结论均没有得出明确

的结论。

1993 年,“六城研究”的成果发布。紧接着,研究者又开展了另一项研究——调查美国公民的死亡率。他们跟踪了大量研究对象,以获取癌症发病的证据[3]。这些实验对象也因为吸入颗粒污染物而过早死亡。突然,人们意识到现代空气污染对健康的影响比任何人想象的都要严重。即便是六个城市中最干净的城市,空气污染的影响仍然十分明显。我们的空气必须变得更加洁净,甚至要超过波蒂奇的清洁程度。因此,我们需要做出新的努力,不仅要清洁传统污染区的空气,如钢铁镇斯托本维尔,还要清洁所有非污染区的空气。

需要制定新的污染法来保护人们的健康,并设定城市的空气标准。很明显,仅就治理工业和汽车制造业的污染而言,就需要采取更多的后续措施。但是,正如阿里·扬·哈根斯密特在 40 多年前的遭遇一样,既得利益集团将会抓住一切机会进行反击。

1993 年“六城研究”报告的发布引起了争议和争论。与 21 世纪气候变化问题和 20 世纪 70 年代欧洲的酸雨问题一样,质疑声来自那些不喜欢研究结果的人。多克里如何能够百分之百确定导致人们早逝的原因是颗粒物污染?人们呼吸着各种各样的空气污染物,不仅仅是颗粒物①。多克里的团队无法测量所有可能的污染物,那么未测量的污染物会产生影

① 公正地来说,“六城研究”也测量了其他污染物,但它们与死亡率的联系不那么显著。

响吗？其中是否也有导致死亡的物质呢？每个城市的颗粒由非常不同的来源产生，并且具有不同的化学成分，它们怎么会产生相同的影响呢？“相关”并不等同于“确定”，仅仅因为污染较严重的城市中的居民较早死亡，就认定空气污染是死亡的原因，这不符合逻辑①。死亡率的差异是由于城市之间的其他差异造成的：也许是天气或吸烟人数的差异[4]？研究人员是否犯了错误？空气中微量的颗粒怎么会导致人们的健康问题呢？健康影响与这些粒子在空中的质量有关，还是与它们的数量有关？除非政府能够完全确定，否则不应该不公平地削减公司的利润[5]。在这些辩论中，还有一些观点不那么引人注目，例如，这些城市中的某些物质正在导致数百人死亡，需要立即采取行动，推迟行动将导致更多早逝病例。

一种解决方案是重新开展一次“六城研究”，以便再次证明结论是正确的。但这需要至少 16 年的时间，再加上分析的时间，在此期间，工厂可以像往常一样开展生产。美国国会介入了此事，决定组建一个独立的研究小组，详细梳理数据并重复原始工作[6]。最终，在 2000 年，原始研究结果得到了证实。不论过去还是现在，我们吸入的日常颗粒污染物都在缩短我们的寿命。

“六城研究”促成了空气管理领域的一项改革，从 20 世纪 50 年代的污染源管理办法过渡到了新的空气污染治理法规，

---

① 这是流行病学的常见问题。仅凭事物 A 和 B 共同发生变化，并不能推断事物 A 导致事物 B，反之亦然。研究者必须权衡其他证据的合理性。

后者强调为空气设定标准。美国和欧洲制定了标准和限值，世界卫生组织制定了参考准则。

“六城研究”的影响并不止于此[7]。1990—1998 年，原先研究的 8 111 人中又有 1 394 人死亡。由于上次研究产生了争议，这次，研究人员拜访了所有幸存者，与他们面谈，称体重，并了解他们目前的健康状况和吸烟习惯。同样的，生存率与颗粒污染物之间还是存在相同的直线关系，但这次研究发现了一个可喜的结果。20 世纪 90 年代，人们已开始采取改善空气污染的行动。在整整 26 年的研究期间，颗粒污染物浓度已经下降，并且污染最严重的城市出现了最大的改善。在斯托本维尔和圣路易斯，1998 年的颗粒污染物浓度不到 20 年前测量水平的三分之二，但是在波蒂奇和托皮卡，情况几乎没有改善。在空气污染得到改善的地方，生存率也出现上升①。清洁空气的行动奏效了，因此，至少一部分有害的健康影响是可逆的。

“六城研究”仅关注了成年人，但空气污染对儿童的影响又如何呢？正当多克里及其团队在哈佛大学公共卫生学院忙着完成“六城研究”的收尾工作之时，在南加州，吉姆·高德曼(Jim Gauderman)及其同事开始研究空气污染对儿童的影响。

---

① 研究人员于 2009 年再次调研六个城市中仍然健在的实验对象时，也发现了类似的结果。参见 Lepeule, J., Laden, F., Dockery, D., and Schwartz, J. (2012), “Chronic exposure to fine particles and mortality: an extended follow-up of the Harvard Six Cities study from 1974 to 2009.” *Environmental Health Perspectives*, Vol. 120(1), p. 965。

高德曼于1993年刚获得博士学位时便开始此项研究，时至今日仍在继续相关研究。

高德曼的研究与“六城研究”不同。其研究团队成员的年龄大于研究对象，无法等到孩子们长大、过世后再研究。因此，他们着重研究孩子的肺部发育状况。在第一项研究中，他们选取了3 000多名学校儿童，他们来自空气污染水平各不相同的地区。研究人员在四年内对孩子们的肺部进行了两次测试。还测量了他们的身高和体重并检查了既往病史。研究人员还拜访每个孩子的家庭，检查二手烟草烟雾、燃气烹饪的烟雾、湿度，甚至蟑螂。他们还测量了每个孩子所在城镇和街区的空气污染。与“六城研究”一样，该研究发现我们需要担心的不仅仅是烟雾，儿童吸入的污染颗粒正在影响他们的肺部发育。污染最严重地区的儿童的肺生长速度要比污染最轻地区的儿童缓慢，肺生长速度的差异在3%～5%之间。令人惊讶的是，空气污染的影响几乎是家庭二手烟影响的5倍[8]。

在20年的时间里，高德曼研究了许多儿童群体[9]。与“六城研究”一样，空气污染逐步得到改善，出现了一些好消息。在后续的研究中，儿童们吸入的污染物较少，其肺部也略大。这再次证明减少空气污染产生了积极的结果。

空气污染影响儿童和青少年，这并不是什么最新发现。儿童是1952年伦敦烟雾事件中受害最严重的群体之一[10]，但其证明了空气污染会对儿童造成永久性的损害，这为空气污染的健康影响研究提供了一个全新的维度。空气污染危害儿童的生长发育，阻碍肺部生长，这意味着儿童体内可能会潜伏一种在未来几十年后才会发作的危险物质，直到有一天他们变老了，问题就来了。皇家内科医学院2016年的一份报告指出了空气污染的终生影响[11]。该报告指出，空气污染不仅对儿童肺部产生危害，而且其健康影响有可能从胎儿时期就开始了。

空气污染的终身影响很难被调查清楚。如果我们现在开始研究，将需要多年时间才能知晓今天的空气污染是否损害了我们的健康，等到健康影响被证实，不管采取任何行动都将为时已晚。另一种方法是调查人们过去的生活和过去所吸入的污染物。来自伦敦帝国理工学院（Imperial College London）的安娜·汉塞尔（Anna Hansell）及其团队于2008年启动了一项研究，他们花了大约10年的时间挖掘和整理英国以前的空气污染测量数据。汉塞尔在小区域卫生统计部门工作，办公室隐藏在伦敦圣玛丽医院的角落，距亚历山大·弗莱明发现青霉素的地方仅几米远。

该部门最早并不从事空气污染研究。它因1982年的一部电视纪录片而被设立，当时约克郡电视台的记者发现居住在坎布里亚郡塞拉菲尔德核燃料加工厂附近的儿童和年轻人的白血病发病率很高。塞拉菲尔德加工厂拥有温斯克尔反应堆，它是1957年臭名昭著的放射性火灾的发生地。随后的政府调查证实了这一事实，但无法确认核电厂是否是导致白血病的原因[12]。意识到其他地区也可能有一小部分人罹患此类疾病而无人知晓，政府成立了小区域卫生统计部，并将其作为一个永久性的部门，负责调查工业区周边的卫生统计数据，以提供预警。在过去的 25 年里，他们调查了居住在输电线、垃圾填埋场、手机基站和垃圾焚烧站附近的居民受到的健康影响，以及空气污染和飞机噪音对居民的影响。

为了研究空气污染的长期影响，汉塞尔的团队从 1971 年的人口普查中随机抽取 1%的人口，其中包括儿童和老人，共计 37 万人。然后他们在之后的每次人口普查中锁定同一批人，了解他们是否还健在。但与多克里的团队不同，汉塞尔的团队不可能拜访每位死者的家人。他们的做法是收集死亡证书的电子副本。他们还评估了每个人所生活地区的空气污染状况。经过大量的计算机处理，汉塞尔的团队发现，主要的死亡风险来自研究对象生命最后 10 年所吸入的污染物，但是，他们惊讶地发现，此前吸入的受污染空气也会影响其寿命，包括他们在近 40 年前吸入的不洁空气[13]。

与许多疾病一样，人们从接触污染物到死亡之间有一个时间差，但缺乏直接影响并不意味着我们现在可以放松警惕了。我们需要加倍努力，为今后的生活而奋斗，最重要的是，为了我们的孩子和那些尚未出生的孩子而奋斗。

采取行动并非易事。我们应该首先治理哪些颗粒的污染？如果能够分辨颗粒混合物中哪些成分最为有害，我们就可以更有效、更快速地加以应对。关于这一点，健康研究对我们没有多大帮助。“六城研究”发布结果后，许多后续研究围绕哪些污染物最危险展开了调查，但结论五花八门。根据多克里的“六城研究”，煤炭和石油燃烧排放物在空气中形成的硫酸盐颗粒是导致早逝的主要原因。汉塞尔的英国人口普查研究表明烟尘颗粒或二氧化硫是主要原因。另有研究者认为，导致死亡的原因是颗粒会在肺部表面引起化学反应，使人体的自然防御系统被摧毁[14]。这使人们开始关注车辆制动器产生的金属颗粒。我还可以接着列举相关研究，但此书的篇幅有限。

或许我们应该转变思路，停止寻找最有害的污染物。我们每次呼吸不止吸入一种污染物，我们呼吸的是混合物。那么也许我们应该立足于现实，研究哪类空气污染混合物会产生最大的健康影响，而非研究单一的污染物？它可能是交通类、燃木类或燃煤类污染物。这是我与博士生莫妮卡·皮拉尼(Monica Pirani)共同开展的一项研究的主题。为了统计建模，我们夜以继日地工作。统计结果显示，在21世纪早期的伦敦，人们因呼吸问题而死亡的最大风险主要出现在春季(已考虑温度和其他因素)，欧洲西北广大地区春季都存在颗粒污染[15]。这些污染混合物与欧文斯在诺福克度假时所呼吸的相同，也与导致20世纪七八十年代斯堪的纳维亚森林枯萎和鱼类死亡的颗粒污染物相同。这一发现本该促使交通、燃煤工业和农业共同采取行动。但可惜的是，此类研究尚处于起步阶段。

作为研究人员，空气污染科学家的确倾向于关注未知而非已知的问题。但是，这不应被理解为现有研究尚存疑问，或被作为推迟行动或不作为的挡箭牌。世界各地的研究人员已经围绕相关问题展开了深入、扎实的研究。颗粒污染缩短生命的证据确凿，空气污染是导致全球人口早逝的最大环境风险因素[16]。

“六城研究”是空气污染与健康研究领域的一个里程碑。它为估算寿命与颗粒污染物之间的关系提供了最有力的依据，25年后的今天，其研究结果仍被广泛引用。2017年，又有研究人员对6 000多万名医保体系内的美国人进行了调查，进一步确认了“六城研究”的结果，这是迄今为止规模最大的空气污染研究[17]。根据“六城研究”的结论①，我们估算得出，2015年全球颗粒污染导致了超过400万例死亡，占全球死亡人数的7.6%，这一比例非常惊人，而且其中并非所有人都是接近生命末期的老人[18]。不过，“六城研究”的遗产不在于这些数字，而在于它迫使各方采取清洁空气的行动，不仅造福了当代，也造福了未来各代。

① Douglas W. Dockery, C. Arden Pope, Xiping Xu, John D. Spengler, James H. Ware, Martha E. Fay, Ben-jamin G. Ferris Jr. and Frank E. Speizer.

第三部分

当下的战场：现代世界的新问题

第 8 章

环球空气考察记

在第 1 章中，我们介绍了一些早期的空气探险家，包括约翰·艾特肯和罗伯特·安格斯·史密斯，他们一边旅行，一边带着自制设备进行空气采样。艾特肯曾经从家乡福尔柯克出发去苏格兰旅行，在苏格兰境内开展了多次测量。史密斯则曾经从曼彻斯特出发，踏上了一段旅行。与当时的大部分人一样，艾特肯和史密斯也曾赴欧洲大陆旅行，主要是法国、瑞士和意大利。他们就像维多利亚时代的植物猎人，一边登山一边探索，史密斯还去了煤矿和地下火车隧道，以收集各种样本。他们本该乘船和乘火车，充分利用蒸汽时代的新旅行机会，但他们并没有这么做。

不过，19 世纪晚期最知名的探险家应该是作家笔下的两名虚构人物。1872 年 10 月，即史密斯出版著作《空气和降雨：化学气候学的开端》的同一年，儒勒·凡尔纳(Jules Verne)作品中的主人公斐利亚·福克(Phileas Fogg)和简·帕西帕托(Jean Passepartout)开启了一段始于伦敦的全球之旅。那么，现在我们不妨按照《八十天环游地球》(*Around the World in Eighty Days*)中的路线踏上一段世界空气考察之旅。理论上，这将使我们能够切身体会全球空气污染的严重程度，详细了解各大洲之间的差异，并认识到事关空气污染核心问题的一些环境不平等因素。

让我们从福克的出发地伦敦开始。现在的伦敦要比福克时代大得多，主要是因为20世纪20年代和30年代郊区得到了开发。包括边远城镇在内，伦敦的人口超过1 000万，使其成为欧洲两个超级城市之一。今天的伦敦与过去以煤为主的伦敦截然不同。伦敦现在的空气和建筑物不会再被烟雾熏黑，空气污染的主要来源转变为交通工具，尤其是柴油车辆。由于有轨电车系统只覆盖局部地区，再加上地铁系统主要在泰晤士河以北运行，所以城区的通行主要依赖公共汽车。伦敦大约一半的轿车都是柴油车。这是欧洲的一大特色，柴油轿车在世界其他地方几乎不见踪影。柴油轿车、货车、卡车和公共汽车在欧洲使用广泛，导致欧洲的道路上集中了世界上近四分之三的柴油车辆[1]。尽管排放控制越来越严格，但在实际驾驶过程中，柴油车辆的排放量却与它们在实验室测试中的表现大相径庭，使伦敦饱受空气污染的折磨，包括来自二氧化氮和颗粒物的污染。伦敦未达到世界卫生组织《空气质量准则》中列出的标准。2017年，部分道路上的排放量仍然超过欧洲污染法所规定标准的两倍以上，并且多年来，每年的空气污染限值在一月份第一周内就被打破。空气污染问题是伦敦各大媒体的一个关注焦点，《伦敦标准晚报》对此尤其关注，在伦敦人自己看来，还有很多工作要做。

伦敦以外地区的看法则不同。全球而言，伦敦是世界领先的空气污染治理创新者。伦敦出台了新的措施，如征收拥堵费，即对进入市区的车辆征税，并将资金用于改进公共交通。伦敦还拥有全球最大的低排放区，该区域禁止污染最严重的卡车和公共汽车通行。

英国是岛屿国家，这决定了其地域观，还决定了该国的空气污染治理理念。但是，伦敦的空气只要飘移几个小时就能够到达欧洲，因此最好将伦敦视为欧洲一个人口最密集片区的西区组成部分。该片区人口密集，横跨英吉利海峡和北海，包括英格兰南部、比利时、荷兰以及法国北部和德国鲁尔的工业区。该片区的空气都受到相同的污染。

伦敦距离儒勒·凡尔纳巴黎的住所仅200英里，巴黎是欧洲的另一个大都市。由于颗粒污染可以在空气中停留一周或更长时间，因此空气循环是导致巴黎空气污染的主要因素。相比之下，英国很幸运。英国常年受大西洋吹来的西风影响，空气质量因此得到改善，受污染空气主要被吹向英国东部的欧洲大陆[2]①，这解释了为何在受酸雨困扰的20世纪七八十年代，英国是欧洲第一大空气污染净出口国（见第6章）。对西风经过的东部地区进行考察后，我们发现，不出所料，空气污染总体呈恶化态势。这是由于污染物的积累，以及东欧在

① 阅读欧洲环境署的年度报告可以从一个全新的视角了解欧洲的空气污染问题。

工业和家庭供暖中使用了更多的煤炭。由于煤炭的使用,波兰成为一个重度空气污染国家。

再往北是斯堪的纳维亚半岛,其空气受污染程度通常低于欧洲许多地方。当地污染排放源较少,而且阳光较弱,因此,驱使空气发生化学反应的能量较少。然而,因冬季路面铺沙处理以及汽车使用带防滑钉的轮胎,斯堪的纳维亚半岛遇到了北欧的一个特有问题。冬季时,所有家庭都会更换汽车轮胎,许多轮胎上都有小型金属铆钉,它们可以咬住斯堪的纳维亚冬季的冰面和积雪,但也磨坏了路面。春天,沿着斯堪的纳维亚或冰岛城镇的街道行走,你会看到沟渠中布满了道路尘土,每辆卡车和公共汽车经过时,都会扬起一大片灰尘。街道清扫的效果并不理想,因为每辆过往的车辆都会在路面磨出新的尘土。化学品有助于抑制灰尘,但长期的解决方案似乎是用带冬季胎面花纹的橡胶轮胎替换防滑钉轮胎。由于森林资源丰富,斯堪的纳维亚半岛在冬季时期使用木柴加热取暖,因此烟雾中含有很多烟尘颗粒和有机化学物质。

福克和帕西帕托乘火车前往地中海。地中海阳光充足,十分有利于空气中的化学反应,因而其空气中存在某些类型的污染物。夏季天气干燥,风吹起的尘埃加剧了颗粒污染。附近的撒哈拉沙漠给地中海制造了新的麻烦,沙尘往往会加剧污染。与英国和荷兰不同,在西欧,一些国家对柴油燃料给予大幅税收优惠,现在当地绝大多数汽车都依赖柴油燃料。地中海国家十分常见的小型摩托车缺乏大型车辆的现代排放控制装置,使城市空气进一步恶化。

福克和帕西帕托继续乘火车沿着阿尔卑斯山旅行。每年冬天，这里的寒冷深谷中都积聚了来自木柴燃烧和交通的颗粒。这导致许多瑞士小镇及法国格勒诺布尔和罗纳河沿岸的污染问题。

火车接着将他们带到意大利北部的波河河谷。我们已经知道，这是欧洲污染最严重的地区之一。这里的人口和工业密度、温和的风以及强烈的阳光为污染物滞留和累积创造了完美条件。这导致了近地面臭氧的形成，并引发了颗粒污染和二氧化氮的问题。

从意大利的布林迪西(Brindisi)出发，福克和帕西帕托坐船至苏伊士，然后沿着红海航行，前往孟买。在中东地区，干燥的气候和风扬起的尘土增加了石化行业的污染问题，与阿里·扬·哈根斯密特在洛杉矶发现的问题相类似。这意味着整个地区都存在颗粒污染和臭氧。沙尘暴是当地一种常见的自然现象，但它们并非无害。除了导致能见度降低引发交通事故伤亡等明显问题外，它们还可能引起呼吸系统疾病、心血管疾病、球菌性脑膜炎、结膜炎和皮肤问题[3]。沙尘通常由富含矿物质的颗粒组成，如果进入肺部，将对人体造成伤害。对于我们这些生活在相对湿润，几乎没有沙尘暴的地区的人，往往认为沙尘就是类似于制造混凝土的沙子。其实，更确切地说，沙尘暴是被风吹起的土壤。它不像建筑用砂那样无菌，它含有大量有害的生物物质。此外，有些沙尘暴并非完全因自然原因引起，部分沙尘暴是因为农用土地的管理方式以及河水和湖水的取用方式不当造成的，它们导致土壤更易受风侵蚀。沙尘可以长途跋涉。2007 年 5 月，来自中国塔克拉玛干沙漠的沙尘团在短短 13 天内完成了一次环球旅行[4]。

伊朗及其首都德黑兰位于红海和波斯湾以东，是全球空气污染的热点地区。但我们在继续往东穿越印度和东亚时，发现了世界上最严重的空气污染问题。印度和中国是世界上人口最多的两个国家，加上巴基斯坦、孟加拉国和印度尼西亚后，这五个国家几乎占据了世界人口的一半。这些东方国家受到一系列问题折磨，包括发达世界的交通污染问题，发展中国家常见的行业监管不力问题，以及全球最贫困社区的特有问题——露天燃烧木头和垃圾来烹饪食物，且贫民区往往都集中在一起。印度和孟加拉国的人口面临的颗粒污染最严峻且恶化速度最快[5]。中国燃烧大量煤炭，中国北京已经取代伦敦成为全球典型的雾霾城市。更为雪上加霜的是，中国大部分地区还遭受来自内陆干旱地区的沙尘侵袭。

穿越印度后，福克和帕西帕托坐船驶过印度尼西亚。当地的农业性燃烧（或许更准确地说，是森林和泥炭地的燃烧）产生的污染物会远距离飘移至新加坡和吉隆坡。它们不是天然火灾，而是一种土地管理和森林砍伐活动。据估计，在燃烧最为密集，因而厄尔尼诺现象也最为严重的年份，印度尼西亚和东亚的空气污染每年导致高达 30 万人死亡[6]。

在儒勒·凡尔纳的年代，大英帝国对香港地区实行殖民统治。如今香港是中国的一个特别行政区，也是世界上最大的港口之一。在我们伟大的环球旅行的这一目的地，必须告诉大家航运也是空气污染的来源。福克和帕西帕托乘坐的探险船只是以煤为动力的蒸汽机船。如今，航运轮船由富含硫的重质燃料油提供动力。无论在欧洲哪个地方进行空气采样，都会发现钒元素，它是一种航运燃料中的金属，通过船上的烟囱排入大气。沿海地区和港口城市受航运污染的影响更为严重。香港境内的航运污染造成了因心脏病发作和心脏疾病紧急入院的人数出现增长[7]。

接下来，福克和帕西帕托的行程是，先到日本，然后穿越太平洋到达加利福尼亚，最后经陆路到达纽约。发达国家的城市交通体系异常繁忙，因此，可以推测它们的污染有相似之处，但也存在巨大的差异。与欧洲相比，汽油动力汽车在日本和美国占主导地位，而欧洲则以柴油为主。几年前，我接待了一些访问英国的日本科学家。我们分享了各自所在城市的空气污染数据，东京的测量结果让我大吃一惊。日本道路沿线的颗粒污染物和二氧化氮含量与伦敦相比显得微不足道。不同国家的城市供暖也不同。欧洲天然气供应充足，天然气是首选燃料，而纽约的摩天大楼则由石油加热，导致重金属和硫颗粒污染。

作为曾经的夏季烟雾代名词，洛杉矶和旧金山如今的空气比哈根斯密特时代好多了。这要归功于对车辆和工业的严格控制，以及加州空气资源委员会的努力，但即便如此，抗污染的斗争仍未结束。加利福尼亚州仍然是美国臭氧污染和颗粒污染最为严重的州。即使在同一个国家内，不同地区的颗粒污染情况也不尽相同。在美国，西海岸的颗粒污染主要来源于交通，而东部主要来自工业燃煤和燃油。美国较冷地区还必须解决冬季燃木的问题，特别是西雅图和蒙大拿州附近地区。

从大西洋返程的最短路线是向北绕一个大圈。虽然福克和帕西帕托没有向北方绕道前往冰岛，但让我们的全球污染考察之旅在那里作短暂的停留。在过去的几年中，电视和广播新闻读者不得不学习冰岛火山名字的发音。2010 年，埃亚菲亚德拉冰盖火山（Eyjafjallajökull）喷发的尘埃使欧洲西北部大部分地区的飞机停在地面不能起飞，2011 年，格里姆火山（Grímsvötn）也引发了相同的后果。格里姆火山喷发的尘埃造成整个英国和欧洲的颗粒污染，但我们不能仅仅关注火山喷发的烟尘。2014—2015 年，巴达本加火山（Bárðarbunga）喷发，导致英国和爱尔兰四处弥漫二氧化硫气体，甚至连挪威居民都闻到了气味①。尽管与 1783—1784 年拉基火山（Laki）喷发事件相比，这只是一个小事件，拉基火山当时喷发释放的大量硫黄气体在欧洲全境蔓延并在空气中形成硫酸盐小颗粒。各地树木枯萎，树叶纷纷掉落。英格兰各地的死亡人数增加了 10％～20％，荷兰、法国、意大利和瑞典均报告出现呼吸问题和死亡人数增加。如果这次火山喷发在现今重演，估计将使欧洲年度空气污染死亡人数增加 14.2 万人[8]。

向南绕道，我们会经过一些大西洋岛屿。其中包括特内里费岛（Tenerife）和佛得角（Cape Verde），这些地方都是全球

---

① 有关二氧化硫在英国和爱尔兰散播的简要情况说明可参见 https://www.theguardian.com/environment/2014/sep/28/pollution-iceland-ireland-sulphur-dioxide。

大气监视网(Global Atmosphere Watch)的监测场所。该组织由 30 多个监测站组成,均设于偏远地区。最著名的是夏威夷的莫纳罗亚(Mauna Loa),几十年来一直被用于追踪全球二氧化碳的增长。这个远程网络的所有站点都在静静地观察人类活动对大气造成的变化,其中包括二氧化碳增加导致的气候变化,但该网络还发现,美国的水力压裂作业过程中泄漏的甲烷正在全球蔓延。特内里费岛、佛得角和亚速尔群岛(Azores)的监测点以及欧洲阿尔卑斯山山顶的监测点都检测到了美国水力压裂过程中产生的泄漏气体[9]。

穿越大西洋后,福克和帕西帕托在位于爱尔兰科克郡附近的皇后镇(Queenstown,现称为“科夫”)登陆。这里是泰坦尼克号的最后停靠港,也是爱尔兰大部分移民出发去美国的登船点。爱尔兰有一些特别的空气污染问题。它位于西部,通常接收来自大西洋的清洁气流,但它距北海和欧洲大陆比较遥远,因此很晚才铺设天然气管道。爱尔兰到 1990 年才拥有天然气管道,此时距英国大陆居民开始在室内使用燃气集中供暖已经过去 20 多年。虽然爱尔兰是少数几个遵守欧洲空气污染法设定的污染限值的国家之一,但由于居民家庭普遍缺乏天然气,只能依靠燃烧煤炭和泥炭取暖,导致颗粒污染物在小城镇弥漫,成为该国一项独特的污染治理挑战。

福克和帕西帕托从爱尔兰前往利物浦,最后乘火车返回伦敦,由此他们完成了为期 80 天的旅程。他们的环球旅行几乎都集中在北半球,因为北半球有现成的沿海和陆上贸易路线可以利用。随着海域的扩大和陆地面积的减少,即使在煤炭和蒸汽时代，福克和帕西帕托也难以到达南半球。全球天气模式使北部和南部的空气很少交汇，两者之间很少流动。描述南半球的空气至今仍然十分困难，因为那里的污染测量系统的发达程度远远不够。

中东以及亚洲和非洲的大部分地区的测量点相对较少。截至2015年，整个非洲只有15个监测点[10]，而仅巴黎这一座城市，监测点的数量就是其3倍以上。在非洲大陆许多地区，室内烹饪使用固体燃料，这极大地增加了空气污染的负担。室内燃烧粪便、木柴和煤炭使全球空气污染死亡人数增加了285万，极大地提高了儿童肺炎死亡率。非洲工业化程度较高的地区也存在问题。例如，以尼日尔三角洲为例，其石油和天然气生产过程中排放的空气污染物随风飘移，使数百英里外的内陆地区受到影响[11]。

澳大利亚和新西兰的空气比全球大部分地区都更为健康。澳大利亚政府经常指出，按照世界标准，它的空气相对清洁，但这并不表示它已经达到最高或应有的洁净程度。根据国际清洁运输委员会（International Council on Clean Transportation, ICCT）①的报告，澳大利亚在消除道路燃料中的硫污染物方面落后于许多发达国家[12]。在悉尼，估计每年约有430人因颗粒污染而早逝，另外有160人因臭氧而死亡，还有超过1 000人因污染住院[13]。森林火灾加剧了城市污染。近年来，悉尼

① ICCT是一个独立组织，成立于2001年，旨在为环境监管机构提供公正的研究和技术与科学分析。

在清洁空气方面停滞不前，而且令人吃惊的是，大约一半的颗粒污染来自家庭燃木。在塔斯马尼亚（Tasmania），这一问题更为严峻，因为它处于澳洲南端，天气更为寒冷。

新西兰的面积与英国相当，但人口不到英国的10%。新西兰距任何大片陆地都有约1 200英里的路程，因此我们预计其空气污染程度较低。新西兰给大部分人都留下了美丽、纯净、空气清新的印象。但现实并非如此。许多城镇的空气传播类颗粒物污染超出了世卫组织的指导标准。该国的空气污染物基本来自国内。在欧洲，柴油车削弱了空气污染管理工作的成效，在东亚、欧洲和北美部分地区，城市人口和工业的密度导致了污染，但新西兰不存在这两类问题，其污染主要来自家庭供暖。

由于该国煤炭和天然气资源有限，电力昂贵，许多新西兰人，尤其是南岛居民，依靠燃木来取暖。基督城的污染水平超出了该国的颗粒污染标准，甚至连南岛的一些小城镇也不例外[14]。绝缘性能不佳的房屋和燃料的缺乏导致冬季死亡率和儿童哮喘发病率很高。

清洁空气研究所（The Clean Air Institute）强调，1亿拉丁美洲人生活在空气污染水平超出世卫组织标准的地区[15]。早逝以及空气污染病人的护理导致拉丁美洲每年遭受20亿～60亿美元的经济损失。拉丁美洲存在巨大地区差异，一些国家没有空气污染控制框架，而一些城市，包括墨西哥城、波哥大、圣保罗和圣地亚哥，已经取得了长足的进步。与世界上大部分地区一样，颗粒污染、臭氧以及工业、燃料和交通控制措施不力是造成污染的主要原因。受 20 世纪 70 年代中期巴西应对石油危机举措的影响，南美洲最大的城市圣保罗的空气变得与众不同[16]。当时，巴西油价飞涨，同时又恰逢巴西盛产的作物——甘蔗价格下跌。这场价格风暴为国家乙醇项目创造了理想的机会。当地的汽车从使用仅含 10%乙醇的汽油转变为使用几乎为纯乙醇的燃料。20 世纪 80 年代的油价下跌和海上石油的发现导致形势出现逆转。由于存在这些不确定因素，巴西的汽车通常使用混合燃料，车主根据价格的变化，在汽油和乙醇燃料之间进行切换。与世界其他地区不同，巴西因使用不同的燃料而产生不同的空气污染，乙醇消耗量的增加导致了臭氧污染的加剧。甘蔗还以其他方式造成空气污染。农民于 5—10 月收获甘蔗之后，烧毁作物残余部分，因此，巴西大部分地区会受到作物燃烧烟雾的影响。

因此，对当代世界进行考察后发现，每个城市、国家和区域都面临不同的治污挑战。接下来让我们详细地了解一下这些挑战，首先从 21 世纪初典型的污染城市——北京开始。

在中国筹备 2008 年奥运会期间，北京被贴上了典型污染城市的标签。各方对运动员会遭受空气污染影响表示担忧。2008 年 7 月，当时美国驻北京大使馆在其推特账户置顶区发布了一条简短的消息。作为向美国公民提供的一项服务，大使馆安装了测量颗粒污染物的设备。使馆工作人员选择将设备与推特相关联，每隔一小时就会有一条来自@BeijingAir 的推文。美国大使馆并没有简单地给出数字，而是根据美国环境保护署的健康建议，将测量结果转化为“良好”“适中”“对敏感群体不健康”“不健康”“非常不健康”或“危险”的空气质量描述[17]。

2010 年，美国大使馆的测量值超出了美国环保署标准中的最高值，从“危险”升级为“未知风险”，媒体对此事的关注也达到了顶峰。下一条推文简单地称空气质量“糟透了”。北京开始取代伦敦成为著名的雾霾城市。

2012 年，中国颁布新的法律，分布在 74 个城市的 138 个监测站开始发布空气质量数据，另有 195 个监测站开始试运行[18]。监测数据描绘的前景并不乐观。与南方城市相比，北方城市受燃煤排放的二氧化硫的影响更大，但所有城市的臭氧污染程度相差无几。中国城市的颗粒物污染平均值超过世界卫生组织的标准。一些颗粒污染物的来源是新出现的，是快速工业化的结果。新建的发电站和工厂燃烧大量的煤炭，但很少采取控污措施。旧的污染源依然产生影响，包括农业燃烧和家庭取暖。污染物混合在一起，形成二次粒子和臭氧，影响着所有的地区。所以解决北京空气污染并不能完全依靠北京市，还需要对邻近地区进行污染控制。

2013 年 1 月，北京发生了自 2008 年以来的一场最严重的雾霾。中国的空气污染信息越来越受到各方的关注，中国媒体报道空气污染的方式也发生了变化[19]。《中国青年报》的头条新闻中出现了题为《比雾霾更让人窒息的是应对乏力》的批评性文章，一种新的报道态度出现了。

中国在空气污染测量方面的投入令人震惊。2012 年，还鲜有公开测量，到 2014 年，分布在 367 个城市的 1 300 多个监测点投入了运作。该网络的规模大约是英国的十倍,并在短短两年内建成。据媒体报道,北京不是中国污染最严重的地方。在快速发展的各个特大城市周边,颗粒物污染问题更为严重。河北和天津等省份名列污染名单前列,但污染问题在所有城市普遍存在,很多人呼吸着不符合世界卫生组织标准的空气。

为追求经济增长而不顾环境,这让中国付出了惨痛的代价,但我们不能仅仅将此归咎于工业。中国的许多空气污染问题早在大规模工业化前就已经存在。新的测量系统还显示,以淮河和秦岭山脉为界,中国的空气污染呈现两种截然不同的现象。在淮河—秦岭分界线,冬季的平均气温为0℃,在相对寒冷的北方,许多城镇建造了污染严重的区域燃煤供暖系统。在相对温暖的南方地区,则没有这种“优待”。在淮河—秦岭山脉北部,燃煤造成的额外空气污染对居民的健康造成了影响。与南方相比,北方地区的人口罹患心脏和肺部疾病的风险更高,这与空气污染有关。中国的空气污染状况异常严峻,政府不得不采取行动,在不到十年的时间里,中国从一个空气数据缺乏的国家变成了走在全球污染治理前列的国家。

过去,中国空气污染的实质性问题因缺乏测量数据而未得到足够重视,这一问题同样出现在世界上许多其他地区。虽然立法推动了欧盟以及整个北美和日本的测量网络的发展,但世界上大部分其他地区的空气污染数据十分稀少,许多地区几乎不存在。

没有哪一种测量空气污染的方法是完美的,也没有哪一种方法可以适用于全球，那么我们如何才能使不尽完善的数据发挥最大的作用呢？这是来自埃克塞特大学的加文·沙迪克(Gavin Shaddick)开展的工作。沙迪克为绘制世界空气污染地图所开展的工作与维多利亚时代的早期研究者截然不同，早期的研究人员都是在旅行时采集空气样本，与我们团队在伦敦开展的持续25年的测量工作也截然不同。沙迪克没有环游世界，甚至都没有离开他的办公桌。沙迪克是一位统计学家。他为世界卫生组织工作，依靠全球卫星数据、地面测量数据和通过计算机模型估算的污染数据来绘制世界空气污染地图[20]。

如果根据空气污染的头条新闻来推测，那么预计最严重的污染问题将出现在北京、欧洲和北美。沙迪克的地图显示，颗粒污染带以西非为起点，经过撒哈拉沙漠和中东(沙尘加剧了颗粒污染)，再延伸到印度北部(特别是恒河周边地区)和中国各地。将全球人口在地图上标示后，就可以估算空气污染对人类的影响。

污染数字令人惊讶。2016年，95%的人口所呼吸的空气不符合世界卫生组织的标准，而且空气污染状况呈现日益加剧的趋势，特别是自世纪之交以来。中国、印度、巴基斯坦和孟加拉国的人口经历了最极端的颗粒污染。颗粒污染导致的全球早逝人数从1990年的约350万人增加到2016年的410万人[21]。死亡人数增幅最大的不是中国，而是印度和孟加拉国。在全球范围内，呼吸颗粒污染物是造成早逝的第六大危险因素，仅次于高血压、吸烟、高血糖、肥胖和高胆固醇。好消息是，部分情况有所改善。欧洲每年的早逝人数从大约 33 万人减少到 26 万人，但这仍然是美国早逝人数的 3 倍多。1990—2015 年期间，尼日利亚每年的死亡人数从 7.7 万人减少为 5.1 万人。

臭氧是哈根斯密特重点关注的污染物，它也造成了损失，导致 2015 年早逝人数达到 25.4 万人，这使其成为导致早逝的第 33 大危险因素。自 1990 年以来，印度是污染恶化最严重的国家，占全球臭氧新增死亡人数的 67%[22]。1990—2015 年，世界人口稠密地区的臭氧浓度增加了约 7%，但各地的情况并不相同。北美洲的臭氧减少了，欧洲只出现小幅上涨。增幅最大的是人口众多的东南亚各国和巴西。

正如哈根斯密特所注意到的，臭氧也会影响植物和作物。全球范围内，臭氧导致小麦减产 7%～12%，大豆减产 6%～16%，大米和玉米减产约 4%。臭氧使欧洲作物产量减少约 2%，而对印度及周边国家的影响更为显著。该地区生活着世界上近三分之一的营养不足人口，臭氧使其作物产量减少达 28%。臭氧可能是导致印度虽然为生产更多粮食付出了努力，但作物生产力仍增长缓慢的一个原因。臭氧对当地重要的粮食作物造成了严重破坏。例如，作为崇尚素食的国家，豌豆和绿豆是印度人的主要蛋白质来源，但它们可能正在经历 20%～30%的产量损失。

受影响的不仅仅是粮食作物。在全球范围内，臭氧可能会减缓树木生长，破坏木材行业，并降低树木吸收二氧化碳的速度。二氧化碳是一种重要的空气污染物和温室气体。世界各地遭受的臭氧危害不仅不均衡，而且一个地区所排放的促臭氧形成的污染物往往会对另一个地区产生影响。例如，来自北美洲的污染导致欧洲作物产量下降[23]。

哈根斯密特的臭氧调查告诉我们，臭氧主要是由交通尾气和炼油厂废气在炎热、阳光充足的天气条件下形成的。我们对臭氧的了解日益加深，目前，全球空气中的臭氧含量正在上升，与二氧化碳的情况大致相同。巴黎当前的臭氧污染水平大约是 100 多年前的两倍。如今，在北半球的温带地区，臭氧每年春天都会增加，这是由于冬季积累了污染物，它们随时会在春季强烈的阳光下发生反应。南半球的工业化程度较低，陆地和森林火灾产生的污染物是导致热带地区臭氧高发的重要因素。这意味着臭氧已经与气候变化一样，成为一个全球性问题[24]。

2008 年，英国皇家学会呼吁达成国际协议，在全球范围内管理导致臭氧生成的污染物[25]。到目前为止，还没有国家作出响应。控制平流层臭氧已经成为一项共识，但遏制破坏人类健康和作物的近地面臭氧一事尚未达成任何一致意见。但有一个例外，那就是冷战期间为控制酸雨而制定的《哥德堡议定书》。其中也涵盖了一些促臭氧形成的污染物，但仅限于欧洲和北美洲。除欧洲、美国和日本以外，其他地方对工业污染的限制很少。甲烷是导致臭氧形成的主要气体之一，尽管它促进了气候变化，但只受到小范围控制。即使在发达国家，来自农业和旧煤矿的甲烷也不在监管范围之内，大多数木柴和森林燃烧行为也不受管控。由于不受控制的促臭氧形成的污染物来源增多，臭氧污染状况非但没有好转，反而出现了恶化，这些来源包括涂料、印刷油墨、黏合剂、清洁剂和家中使用的个人护理产品[26]。

2009年出现了一个令人担忧的趋势，当时美国犹他州的尤因塔盆地(Uinta Basin)出现了一种新型臭氧烟雾[27]。尤因塔盆地是一片开阔的平坦地域，北部和东部被山脉所包围，冬季寒冷。有一次，一层厚达20～30厘米的积雪覆盖了地面，但是臭氧浓度却升高至通常只有在炎热的夏季才出现的水平。这与导致洛杉矶烟雾的情况截然不同。5年前在邻近的怀俄明州也出现过类似情况，该州因此违反了美国的臭氧标准。犹他州的研究人员在了解情况后开始着手寻找源头。他们从自己所知的空气污染源开始，但没有找到答案。

与怀俄明州一样，犹他州尤因塔盆地最近也采用水力压裂法来开采页岩油气，即将液体注入地下，打碎岩石以提取石油和天然气。在英国，仅两口实验井的开采就引起了巨大争议，英国绿党领导人卡罗琳·卢卡斯(Caroline Lucas)遭逮捕，一口井位于英格兰东北部，靠近海边小镇布莱克普尔(Blackpool)，另一口井则位于东南部的苏塞克斯郡(Sussex)。据《华盛顿邮报》报道①，2010—2016年，美国仅用了6年时间就钻了13.7万口新井。通过单独观察每口油气井以及绵延数英里的管道、气泵和机械，无法估算出有多少气体泄漏。研

① 此篇报道图文并茂，还附有钻井火焰太空俯瞰图，文章链接：https://www.washingtonpost.com/graphics/national/united-states-of-oil/。

究人员只好乘坐飞机飞越油气田，用仪器测量来自地面的物质。在尤因塔盆地部分地区上空的一次测量揭示了冬季臭氧的答案。油井中泄漏的甲烷比想象的多得多——高出 40%。在冬天，这些甲烷被困在靠近地面的冷空气层中，低角度照射的阳光被大雪反射后形成了臭氧。

在美国页岩气田上空进行更多测量后发现，这里有大量的甲烷出现，但这些地区还有养牛场，也会产生甲烷。页岩气田可以简单地将责任推卸给农民。因此，需要在数据中分离这两个来源。对于这类实验，有一种办法很管用，那就是页岩气中也含有乙烷，乙烷并不来自农业等天然来源。对乙烷和甲烷进行综合测量后发现，页岩气和石油开采绝对是甲烷的主要来源，而不是养牛场。一些活跃的钻井区是著名的“超级排放区”，这表明页岩气生产的这一阶段对环境的影响最为严重[28]。

全球空气四处流动，乙烷可在空气中停留数月，因此可被用于追踪天然气开采时泄露的甲烷。30 多年来，全球大气监视网一直在测量我们的空气成分。其中一个测量点位于阿尔卑斯山的少女峰(Jungfraujoch)峰顶。总的来说，这里的数值很好。自 20 世纪 80 年代欧洲加强对天然气工业的控制以后，乙烷开始缓慢减少。但是，2009 年，即美国开始进行大规模水力压裂的时候，乙烷的趋势发生了逆转[29]。乙烷开始增加，而且不是少量增加。它以每年 5%的速度增长。这表明天然气开采导致全球甲烷泄露量大幅增加。

对比全球偏远地区监测点的测量结果，可以看出显著的差异[30]。乙烷数量并非在所有地点都出现上升。与南半球的大部分地区一样，新西兰南岛劳德（Lauder）的乙烷含量呈持续缓慢下降趋势。在美国东部的大西洋岛屿和西欧监测点，情况大相径庭。所有这些地方的乙烷含量都有所增加。一般来说，空气在世界各地向东流动，所以新的污染源看起来好像在美国。通过检测丙烷证实了这一推测，丙烷也存在于石油和天然气中，但在大气中的寿命较短。同样的，位于美国东部和大西洋①的全球大气监视网站检测到丙烷增加，但美国各地的变化率非常惊人。美国西部的丙烷含量减少，但东部的丙烷急剧增加。因此，毫无疑问，这一增长是由于美国天然气和石油生产的大规模扩张所致。美国的甲烷泄漏量可能是官方估计值的两倍左右，并且正在产生全球影响。很显然，我们需要加大控制力度。

预计到2020年，水力压裂将导致阿巴拉契亚盆地马塞卢斯（Marcellus）和尤蒂卡（Utica）页岩区的臭氧和颗粒污染每年造成200～800例新增早逝病例，这些地区的土地租赁和钻探活动十分密集。美国东部的这一大片区域横跨多个州[31]。压裂热席卷了欧洲人口最密集的地区，包括丹麦、立陶宛、罗马尼亚，尤其是波兰[32]。随着对俄罗斯进口天然气的依赖程度越来越高，以及希望实现碳排放目标，页岩气开采的压力将继续存在。但页岩气开采也有一个潜在优点：如果页岩气导致高污染的燃煤工业和发电厂关闭，或者取代纽约等城市的大

① 设在佛得角、加那利群岛和冰岛的监测站。

量石油供暖需求，则可能有助于改善城市的空气污染。然而，这不应被用作天然气工业控制不力的借口。

使用水力压裂的一个常见理由是将天然气作为从煤炭过渡至未来低碳燃料过程中的一种中间燃料。与燃煤相比，燃烧天然气获取能源所产生的二氧化碳排放量显然要少得多。然而，天然气的主要成分是甲烷，其本身具有强大的全球变暖效应。因此，只有严格控制泄漏，即控制在2%～3%之间，天然气才能提供煤炭无法实现的气候惠益。但是，在将天然气分配给用户之前，压裂井上空的测量中就已经检测到0.18%～2.8%的泄漏率[33]。因此，美国的压裂天然气要实现低于石油或煤炭的气候影响，将是一项艰巨的任务。

那么，为何各方就破坏平流层臭氧的化学品达成了协议，而有关近地面臭氧的国际合作却基本上以失败告终？根据平流层臭氧的控制措施，世界各地须禁止使用常见于冰箱、气溶胶和灭火剂中的一些化学品。这些化学品由少数公司生产，并且可以提供类似的替代品。我们无须改变现有生活方式，只需对部分技术进行一些调整。但控制近地面臭氧将需要我们重新思考使用石化产品和天然气的方式，甚至还涉及土地管理的方式。这就更加困难了。但是，如果不采取国际行动，近地面臭氧将对我们的健康造成越来越大的危害，并对作物造成危害。

很显然，要减少空气污染造成的无法容忍的健康影响，我们面临巨大挑战，尤其是可用资源较少的国家。印度及周边国家的空气质量不断恶化，需要采取紧急行动。若不将空气污染战略纳入全球经济发展计划，那么发展、城市化和工业化的一些好处将会被死亡率的上升所抵消。

不断增长的城市化带来了额外的挑战和机遇。2015 年，人类历史上首次出现逾一半人口居住在城市的情况。然而，2015 年，只有 12%的城市居民吸入符合世卫组织标准的空气。世界上有一半超大城市的空气污染水平超过了标准的 2.5 倍，而且大多数城市的空气质量正在恶化[34]。即使在欧洲和北美一些世界上最富裕的地区，也无法确定当地的城市空气污染状况是否正在好转。各国当前主张通过技术战略来清洁空气，这一思路是行不通的。在个别案例中，现有部分进展正在被其他趋势所抵消，例如，欧洲柴油车和燃木的增加（见第 10 章和第 11 章）。不断推进的城市化正在导致日益严重的全球健康问题。我们比以往任何时候都更需要通过设计改造现有城市，以减少对道路交通日益增长的依赖，并提供清洁的家庭能源。新城市需要具备可持续性、能源和交通使用率低以及污染水平低的特点。为实现这一目标，需要投资于生活在非正规住区的近 10 亿城市贫民，使他们能够抓住城市带来的经济机会。一旦城市建成，改变其物理形态和土地用途就基本不可能了。城市将在几个世纪内维持现有基本格局。如果现在不进行妥善规划，我们将付出沉重的代价。

第 9 章

颗粒物计量，揭开现代空气污染的谜团

1996 年，苏格兰科学家安东尼·西顿(Anthony Seaton)正在思考现代空气污染的谜团[1]。英国各大城市的煤炭燃烧得到了控制，颗粒污染物下降至几个世纪来的最低水平，但"六城研究"刚刚告诉我们，人们由于颗粒污染而过早死亡。社区附近也出现了颗粒污染。伦敦刚刚出现了因现代交通污染引起的第一次冬季烟雾，101～178 人死亡[2]。

西顿是一名医生。他曾在南威尔士担任胸科医生，并于 20 世纪 90 年代中期担任爱丁堡职业医学研究所(Institute for Occupational Medicine in Edinburgh)所长[3]。该研究所曾是一个政府实验室，对煤矿和工厂等尘埃环境中的工人进行研究。在这里，现代空气污染谜团的第一个谜题出现了：许多工人在工厂吸入的颗粒污染物的浓度是厂区外的几百倍甚至有时达到几千倍，但他们大体上保持身体健康①。然而，人们在工厂

① 这一难题的一个明显解释是健康工人综合症。工人是社会中最健康（转下页）

以外的城镇地区吸入的受污染空气却正在缩短他们的生命。这没有道理。我们同样很难弄清楚空气污染是如何导致死亡的。早逝的人不只死于肺部疾病，多克里的“六城研究”团队还发现，人们还死于心脏病和中风。

我们的空气质量标准和规定一直基于颗粒的质量，通常以每立方米的微克数来衡量。我们购买食品或交易商品时以盎司、克、磅、公斤或吨为计价单位，因此根据重量来考虑物质的数量在我们看来是合理的①。但是，如此微量的颗粒浓度怎么会对我们产生如此大的伤害呢？我们难道不是从非洲大陆的自然尘埃环境中进化而来的吗？这让毒理学家困惑多年。这不仅仅与空气中颗粒物数量的增加有关。显然，与智人时期人类所居住的环境相比，现代环境中的空气污染物肯定有所不同。

现代污染物的化学成分显然出现了巨大变化。我们呼吸着祖先从未遇到过的污染物。另一个区别是城市空气中的颗粒数量和大小与自然环境中的颗粒不同。我们一直吸入各种颗粒物，但这些颗粒物相对较大，包括尘土、花粉或海盐，它们被留在我们的鼻子和喉咙里。现代空气中的污染颗粒要细小得多，因此，它们可以深入肺部。

1996年，西顿收到来自伯明翰大学罗伊·哈里森（Roy Harrison）的一些新测量数据。这些测量结果表明，我们每吸

（接上页）的人群。幼儿、老人和病人不在工厂工作，但他们确实呼吸城市空气。然而，即使这样也无法解释全部问题。室外空气污染正在伤害每个人，而不仅仅是最脆弱的人。

① 根据国际单位制，物质的数量单位是摩尔，但在日常生活中我们只是称重量。

入 1 立方厘米的现代城市空气，进入体内的颗粒数量可能达 10 万以上。仅就吸入的颗粒数量而言，就已经令人无比惊讶。站在城市公园的中央，你每吸一口气，将会吸入大约 200 万颗粒物，如果你沿着繁忙的道路行走或站在飞机场围栏边，那么吸入的颗粒物可能会达到约 2 000 万。

西顿提出了一个新的想法。重要的不是粒子的质量，而是它们的数量。而且，颗粒的大小很重要。买 1 千克苹果，你会得到 10 或 12 个苹果。买 1 千克大米，你将得到 40 000～50 000 粒大米。类似的，一个大花粉颗粒或灰尘颗粒的重量可能相当于汽车或飞机尾气中的数万个颗粒的重量。

当我们吸入颗粒时，西顿知道发生了什么。大约一半的小颗粒被吸入后又被直接呼出，但其余部分会沉积在我们的肺部。颗粒的数量非常重要。让我们再回忆一下 1 千克苹果和 1 千克大米的例子。把一袋苹果撒在厨房地板上，它们只落在一小块区域，很容易把它们捡起来。如果装大米的袋子不小心破了，那么大米会撒得到处都是，整个地板上都是米粒，清理起来就很费力。同样的，当我们呼吸花粉或灰尘等大的天然颗粒时，它们会沉积在肺部少数地方。我们的身体防御系统将被激活，颗粒将会被清除。然而，我们如今每次吸入的空气中含有数百万个微小颗粒，它们散布在肺的整个表面。对一个成年人而言，颗粒物所涵盖的面积相当于半个网球场，这意味着我们身体的防御机制必须进行大规模的清扫。西顿认为，这种清理引起的炎症会刺激身体的免疫系统，增加血液凝固性，从而加大心脏病发作和中风的风险。

在西顿发表他的理论后不久，关于纳米技术安全性的争论引发主流媒体对吸入细小颗粒的健康影响进行了报道。今天我们理所当然地使用自洁窗户、高效防晒乳液、高品质油漆和药品、高效能电池、高速计算机处理器和手机屏幕。然而，在世纪之交，设计和创造这些微小颗粒，并将其嵌入上述技术是极具争议性的。如果我们吸入喷雾防晒乳液会发生什么？当它被冲到下水道后又发生了什么？如今，纳米技术的好处显而易见，关于其所带的风险的公开争论较少，我们也热衷于使用这些产品。然而，在 21 世纪初期，科学进步引起了人们的担忧。首先是由于转基因植物的增长，其次是由于纳米技术的未知性，人们害怕它有朝一日将制造出能够自我复制的小型纳米机器人，这些机器人会像病毒一样不受控制地繁殖，吞噬我们的星球。甚至连威尔士亲王也加入了辩论。客观地说，查尔斯王子只是试图引起人们对风险的关注并促进合理的对话。但舆论并没有朝预想的方向发展，相反，威尔士亲王引发了关于失控的纳米技术污染我们环境的头条新闻，例如臭名昭著的新闻报道《威尔士亲王惧怕“灰色黏质”噩梦》，其中描述了一些环境保护主义者对失控的自我复制机器人毁灭世界的担忧。威尔士亲王否认他曾说过这些话[①]。英国皇家

① “灰色黏质”似乎被错误地归咎于威尔士亲王所言。请参阅他在 2004 年的演讲，网址：https://www. princeofwales. gov. uk/media/speeches/article-hrh-the-prince-of-wales-nanotechnology-the-independent-sunday. See also https://www. telegraph. co. uk/news/uknews/1431995/Prince-asks-scientists-to-look-into-grey-goo. html and the Michael Crichton novel Prey。

学会被要求调查各种形式的新纳米粒子和纳米技术所带来的环境及健康风险。该学会 2005 年的综合报告聚焦人造纳米粒子,但同时也呼吁对我们每天从汽车尾气和其他来源吸入的纳米粒子开展更多的研究[4]。

尽管科学家提出了建议,也给予了关注,但有关我们所吸入颗粒的数量与健康之间关系的研究相对较少。由于西顿的假设产生于英国,而且皇室成员和皇家学会也推动了公众辩论,因此,有关吸入大量颗粒影响健康的担忧对英国政策制定者产生了很大影响,世界其他地区则没有这些先天条件。对城市空气中颗粒数量的常规计量始于 21 世纪初。到 2005 年,我们已经拥有足够的测量数据,可与健康统计数据进行对比。我是由圣乔治医学院的理查德·阿特金森(Richard Atkinson)所领导的伦敦研究团队的成员,我们团队负责收集伦敦每日死亡和入院人数的数据,并将它们与空气中的颗粒物数量进行比较[5]。健康统计数据受到诸多因素影响,包括温度和当日是否可获得医疗服务。剔除这些因素后,我们的发现的确令人震惊。当空气中的颗粒物质量增加时,死亡或因呼吸疾病而被送入医院的人数相应增多,但在颗粒物数量出现增加时,心脏病发作的人数增多。可以称量的较大颗粒可能会导致呼吸问题,但是只能通过计数来测量的微小纳米颗粒可能会导致心脏病发作。这一情况令人担忧。空气中的颗粒物重量确实在下降,但我们测得的颗粒物数量与约翰·艾特肯在 100 年前用便携式云室和显微镜计算出的数量大致相同。

很难找到关于城市空气污染的积极新闻报道，但在2007年底，英国空气中的颗粒数量出现了戏剧性的变化。空气污染科学领域有一句至理名言，描述的是关于使用模型预测空气污染的人与测量空气污染的人（如我）之间的区别。这句名言是：没有人相信计算机模型预测的结果，除了建模者本人；所有人都相信测量的结果，除了使用仪器的人。因此，如上所言，当伦敦马里波恩路（Marylebone Road）沿线空气中的颗粒数量在短短几个月内下降了近60%时[6]，我们认为是仪器发生了故障。即使我们在伦敦市中心和伯明翰同时发现颗粒数量出现了大幅下降，我们仍然认为是所有仪器都出现了相同的故障。

仪器并没有问题。2007年底，英国完成了引进超低硫柴油的最后工作。允许的最大硫含量从约0.003%降至0.001%。这一微小的额外变化产生了完全意想不到的明显效果。我想不出第二项能够如此大幅或如此迅速地改善空气质量的政策。但是，改善空气质量并不是政府计划的一部分，这是一个意料之外的好消息。减少柴油中的硫含量是为了使新技术适用于处理柴油机尾气。事实上，英国是欧洲较晚出台使用低硫柴油规定的国家之一。2006年丹麦引进超低硫柴油时，空气中的颗粒数量也出现了类似的骤降。随着对新柴油车辆实施更严格的尾气排放标准，英国空气中的颗粒数量正在持续下降。

尽管艾特肯在早期已经开展了一些工作，但是在确定城市空气中的微小颗粒的来源方面，我们仍然裹足不前。政府和城市测量计划关注的是有害污染物。它们受到法律法规的约束，但当出现一种新的污染物时，会出现先有鸡还是先有蛋的问题。如果没有充足的测量数据，就无法研究污染物对人体的健康影响，政府也不愿意进行测量，除非可以证明存在健康风险。我们能够确定柴油中的硫是问题的来源，但其他富含硫的燃料也是罪魁祸首，最应引起关注的是航空煤油。

抬头仰望欧洲或北美的天空，你几乎百分之百会看到凝结尾迹（飞机云）。它们并不是发动机产生的烟雾。凝结尾迹通常是指飞机在身后留下的一道道白烟，飞机上的乘客是看不到的。与艾特肯的粒子计数原理一样，飞机发动机尾气中的微粒被空气包裹并形成微小的冰晶，因而变得可见。自 20 世纪 40 年代以来，一直有人在研究凝结尾迹，但是很少有人研究飞机产生的地面污染，而地面是我们生活和呼吸的地方。对飞机发动机而言，机场是真正考验它们的地方。在机场，它们必须完成启动，然后产生低推力进行滑行，随后又要在起飞时开启最大功率，但就高空飞行而言，飞机拥有最优化的设计，大多数燃料也是在高空飞行时消耗的。在起飞区，空气中的颗粒物浓度极高。在距离跑道数百米的机场围栏附近，颗粒物的数量几乎接近伦敦繁忙大马路路缘的颗粒数量，但后者距离车辆仅几米远。

洛杉矶是研究机场污染物的城市传播途径的理想地点。其国际机场设于海岸边，持续不断的海风将污染吹向内陆。2013 年，南加州大学的科学家们在混合动力汽车上安装了测量设备，并在机场附近开车测量。上风处的空气是干净的，但是他们在下风处的围栏上发现了大量的颗粒。接下来，他们驶离机场，按照飞行方向在城市的街道中以之字形方式行进。在距机场11英里以外的地方，他们仍然能够测量到飞机排放的颗粒，它们使城市空气中的颗粒数量增加了十倍以上[7]。

机场周边存在颗粒污染的问题不仅限于洛杉矶。2012年，我在布鲁塞尔的一次会议上遇到了门诺·库肯(Menno Keuken)。我们对空气污染测量有着共同的兴趣，他让我看了一些让他难以置信的新数据。库肯当时正在荷兰乡村中心地带进行测量，测量点位于卡博(Cabauw)小村庄附近，当地主要以农业为生。这个村庄约有700人，一些农场位于运河沿岸。村庄内还建造了一座213米的高塔，被村民称为“嗅杆”(the sniffing pole)①。它高于平坦的荷兰地面，使科学家能够测量各种高度的空气污染。当地的空气污染可追溯至两个来源，一个是鹿特丹港口，另一个是德国鲁尔的工业区[8]。2012年，他们开始对颗粒进行计数，并发现了一种他们从未见过的新污染源，它位于西北部。他们在地图上标示路线并进行调查。西北部地区的工业很少，主要是农田。根据该路线，他们追踪到了25英里外的欧洲第三大机场——史基浦(Schiphol)机场。门诺无法相信污染源竟然是如此遥远的机场。他想进行核实，于是在距离机场约4英里的地方建立了一个测量站，该站点位于阿姆斯特丹郊外的公园，基本上远离飞行路线。当

---

① 有关卡博天文台和“嗅杆”的历史，请参阅 http://www.cesar-observatory.nl/cabauw40/index.php。

风经过城市吹到这里时，每立方厘米的空气中测量到了大约1.4万个颗粒。当风经过机场吹到这里时，颗粒数量为4.2万个，考虑到测量点与机场之间的距离，这一数值已经非常巨大。大约有20万座荷兰民舍暴露在这些机场颗粒之中。

英格兰东南部人口密集，机场扩建一直是当地一个激烈争论的话题。尽管广泛的影响评估和政府调查引发了人们对机场的争议，但各方并未考虑到吸入源自机场的大量颗粒会产生的潜在影响。不过，有一项研究提出了一个有意思的结论。我们已经提到过伦敦帝国理工学院的安娜·汉塞尔和她的团队。汉塞尔也对飞机噪声及其对希思罗机场周边360万居民的影响感兴趣[9]。她发现，受飞机噪声影响最大的居民罹患中风和心脏病的比例更高，但患病比例高低并不与飞行路径相吻合，而是与源自机场的污染物水平高低保持一致。这是受污染颗粒数量的影响吗？

为何飞机会产生这么多颗粒呢？20世纪70年代的协和式飞机和飞行器身后的黑烟带已成为过去。如今，飞机的发动机更加安静，造成的空气污染更小，燃料消耗也更少。但颗粒数量与引擎无关。它与燃料有关。在美国和欧洲，轿车、公共汽车和卡车中使用的柴油和汽油已经脱硫。但航空煤油未进行脱硫处理。航空燃料中硫的最高含量是道路燃料的300倍。不是所有飞机燃料中的硫含量都这么高，通常为60或70倍，但是尾气中的硫会自发地形成大量的微小颗粒。

解决飞机的颗粒污染问题似乎很简单，只要从煤油中去除硫即可，就像我们对道路燃料进行脱硫处理一样。然而，问题没有这么简单。低硫航空燃料缺乏当前航空燃料的润滑和抗腐蚀性能，最重要的是，航空工业的燃料消耗量巨大，脱硫成本将十分高昂。先不考虑颗粒数量可能产生的健康影响，据估计，只要去除巡航飞机所使用燃料中的硫，就能每年减少900～4 000 例早逝案例[10]。

飞机、交通和工业（如炼油厂）产生大量颗粒，也许不足为奇，但街头调查发现了另一个颗粒污染来源——快餐店。2010 年，温哥华的科学家们尝试绘制该市的空气污染地图[11]。连续三周，他们每天都带着手持式仪器出门，在城市周边的 80 个调查点进行测量。正如我们所料，他们发现交通造成了空气污染，但还有一项意外的发现，即调查点与快餐店之间的距离是影响颗粒数量的一个重要因素，特别是，当在大约200 米范围内有快餐店出现时，空气中将有更多的颗粒。

乌得勒支（Utrecht）的研究人员接受了调查这一现象的任务[12]。连续三个星期，来自该市一所大学的研究人员克里斯蒂娜・贝尔特（Cristina Vert）每天都在午餐时间和晚上沿着市中心一条固定路线行走，在每个餐厅外停留了几分钟，然后环绕城市广场一圈，最后穿过运河。在谷歌地图上快速浏览一下乌得勒支，可以搜到大量能够消磨夜间时光的酒吧、餐馆和咖啡馆。贝尔特调查了其中的 17 个。这些地方最常用的烹饪方式是油炸或烧烤。路过的轻便摩托车和户外蜡烛也增加了空气中颗粒数量（让人想起艾特肯在本生灯火焰旁进行的测量），但餐厅是最大的来源。西顿和他的同事们在大约 15 年前发现室内空气受到严重污染并存在大量颗粒物，但烹饪对户外空气有影响是一个意外发现①。显然，餐饮厨房如果没有排气扇将是无法运作的，但贝尔特的测量表明室内空气污染会影响外界的空气。

许多城市都绘制了典型污染物的污染地图，如二氧化氮、臭氧或空气中的颗粒污染，但要建立颗粒数量模型，还有很多工作要开展。首先，必须更深入地了解污染来源，但颗粒在空气中的种种变化增加了测绘的难度。例如，粒子可以黏在一起。这不会影响空气中颗粒的质量，但肯定会改变它们的数量。另一个困难是在阳光充足的天气里，大体清洁的空气中会自发形成新的颗粒。其成因或形成方式仍然是一个谜。此类现象以前很少在城市中发生。北欧几乎不存在此类现象，尽管它们偶尔会在光照更强的南欧发生。但是，随着城市空气质量逐步得到改善，此类事件变得越发频繁。有时，它们只影响市中心，但有时候整个地区会连续数小时受到污染气体聚集后形成的大量颗粒的影响[13]。根据在伦敦的测量，2011年和2012年，这些自发反应事件产生的颗粒数量约占总数的12%[14]。由于相对清洁的空气中会形成新的颗粒，这使得我们难以预测吸入的颗粒数量，而且控制它们的难度更高。想要揭开艾特肯100多年前就开始测量的这些颗粒的面纱，我们还有很多的工作要做。

① 来自烹饪的大颗粒物质也存在于城市空气中，包括伦敦市中心。

第 10 章

大众汽车事件和棘手的柴油问题

2015 年 9 月，德国汽车制造商大众承认在尾气排放测试中作假，空气污染问题首度成为世界头条新闻。

在欧洲、美国和世界上绝大多数其他地区，销售的汽车必须通过空气污染测试才能获得政府的销售许可。在许多方面，这与政府设置的道路安全要求没有区别。一些大众汽车上被发现安装了可以识别汽车是否正在进行测试的软件。测试期间，车载计算机将调整发动机和排气控制器，将其从正常模式调整为测试模式，以便通过检测。大众汽车的首席执行官因此辞职并面临起诉，同时还将面临经济处罚。这一事件导致人们对柴油车的信心降至谷底。到 2017 年，德国和英国的柴油车销量从新车销量的约 50%下降到 35%左右。

大众汽车丑闻是被国际清洁运输委员会曝光的，这是一个非营利性组织，提供有关低污染运输的技术和科学建议。2013 年，该委员会正在研究美国所销售柴油车的排气性能，发现它们在实际使用中排放的氮氧化物比测试时高出许多。

数据被提交美国监管机构，大众于 2015 年 9 月收到违规通知。大众很快承认，在美国销售的约 50 万辆汽车配备了非法软件，用于检测汽车是否正在接受测试，并在确认汽车处于测试状态后相应降低其排放量[1]。随后，大众在欧洲销售的 850 万辆汽车和在全球其他地区销售的 1 100 万辆汽车也被曝光存在同类问题。

虽然大众汽车丑闻最初在美国爆发，但美国的柴油轿车数量非常少。不到 5%的轿车使用柴油作燃料，大多数汽车都安装汽油发动机，柴油主要是卡车和公共汽车的燃料。相比之下，欧洲大量使用柴油轿车，柴油轿车的销售量达数百万辆，2015 年，欧洲道路上约有一半的轿车是柴油车。欧洲的面积相对较小，但世界上大约 70%的柴油车辆都集中在欧洲道路上，这令人十分吃惊[2]。

大众汽车丑闻令投资者、车主和政府都震惊不已。但它也给全心全意致力于研究欧洲城市空气污染问题的空气污染科学家们（比如我自己）带来了巨大的惊喜。事实证明，大众汽车丑闻只是冰山一角。2016 年，欧洲议会在大众汽车丑闻的调查结论中称，许多其他汽车制造商的排气控制策略“不合理”，“不符合技术限值规定”，并且“一些汽车制造商是出于经济而非技术考虑而选择使用非法技术的”[3]。

为了解释这些问题，我们需要了解：为什么柴油轿车在欧洲如此受欢迎？科学家们是如何发现大众汽车安装非法软件只是问题的冰山一角的？

在欧洲，柴油轿车被宣称是一种低碳运输方式，气候影响低于汽油轿车。这一理念出乎意料地在欧洲得到热烈欢迎，各国纷纷推出柴油税收减免措施。我们知道，政治家们不愿意制定税收激励措施来减少空气污染，但令人难以置信的是，有关柴油拥有低碳优势的声明却几乎没有遭到欧洲任何一个国家政府的质疑。以 2017 年的价格计算，与汽油轿车的车主相比，欧洲柴油轿车的车主可享受税收减免，在汽车使用寿命期间获得 2 000 欧元的额外补贴①[4]。柴油税最低的欧盟国家通常拥有最大的汽车工厂，或因地理位置优越而能够向欧洲境内的大量国际货运车出售大量柴油（因此产生税收）[5]。

政治经济学家和环境化学家很少聚在一起研究同一个问题，但这正是揭示欧洲柴油问题所需的。柴油问题不仅仅是技术或工程问题，还是几十年来的政治和经济决策所产生的一个后果。2013 年，卢森堡大学的米歇尔·卡姆斯（Michel Cames）和德国特里尔应用科技大学的埃卡德·赫尔默（Eckard Helmers）首先对柴油比汽油对气候更有益的共识提出了质疑。他们认为减少碳排放是欧洲政府的挡箭牌。实际上，推广柴油的目的是获取经济利益，而不是保护环境。他们的一系列证据并非发布在报纸或博客上，而是发表在了同行评审的科学期刊上[6]。

问题始于 20 世纪 60 年代末欧洲天然气田首次被开发

---

① 对这些历史性税收差异的一种可能解释是，政府试图最大限度地提高燃油税收入，但对提高商品和服务业务的成本比较谨慎。大多数公路运输和货运都使用柴油动力，而大多数私人轿车使用汽油，因此从经济角度而言，对汽油征税更为容易。英国是欧洲唯一一个以相同税率对两种燃料征税的国家。

时。当时，锅炉中燃烧大量的取暖油，以便为学校、办公室、工厂以及一些家庭供暖。石油公司和政府很清楚，天然气将取代石油，城市地区的取暖油市场将基本走向消亡。许多发电站也是燃油发电[①]，随着核电被大力推荐，特别是在法国，石油也将在发电市场上被取代。

来自地下的原油不是单一产品，而是一种油的混合物，它们在炼油厂中被分离后用于不同用途。较轻的馏分用于汽油，重馏分用于运输，但天然气的出现意味着用于取暖和发电的中间馏分将失去市场。

那么石油公司如何处置大量的中间馏分呢？根据卡姆斯和赫尔默的说法，欧洲柴油轿车的繁荣与我们所熟知的减少气候影响的原因无关。气候变化成为公认问题是在20世纪80年代末，但柴油轿车在此前早已开始普及。柴油轿车的风靡源自石油公司、政府和汽车制造商为寻找原油中间馏分的新市场所付出的努力。如果它们不能被用于加热和发电，那么将它们转移到公路燃料市场是唯一的选择。卡车和公共汽车已经在使用柴油，因此为了催生更多消耗，不得不吸引原先以汽油为燃料的轿车和小型货车也使用柴油。在整个20世纪90年代，该战略通过欧洲汽车用油计划得以正式确立。欧洲汽车制造商投资柴油发动机技术，柴油轿车的驾驶性能得到改善，政府又推出税收优惠政策吸引居民购买。石油公司

① 被改建为泰特现代美术馆的伦敦河畔B发电站是燃油发电厂。你可以走进那些已经成为画廊空间的旧储油罐。

开发了原油中间馏分的长期市场，汽车公司销售柴油轿车，并且得益于减税政策，驾驶成本也降低了。欧洲汽车制造商也将成为建造小型柴油发动机的全球领导者，拥有能够出口世界各地的技术。

这看起来是一个多赢的局面。后来，随着所有行业都需要实现气候减排目标，欧洲汽车制造商、政府政策和税收制度进一步改进，倾向于碳排放量明显较低的燃料——柴油。那么，这招管用吗？

汽车展示厅内展示的证书肯定告诉你，新柴油轿车的二氧化碳排放量较低。随着越来越多的柴油轿车被出售，每个人都觉得这项政策奏效了。每加仑的英里数或每升的公里数增加，让人产生柴油是低碳燃料的感觉。但人们忽略了一个简单的事实，即一加仑柴油比一加仑汽油含有更多的能量，并释放出更多的二氧化碳。如果按照燃料的能量而不是容量来征税，那么对柴油征收的税将比汽油高出约20%①[7]。然而，车主开始察觉到他们买回来的经济燃料轿车并不像汽车展示厅中的证书上所声明的那么理想。2000年，司机发现柴油消耗量比宣传的高8%左右。到2013年这一比例甚至达到38%②。柴油轿车的这一比例差异比汽油轿车更大，这意味着

① 欧盟委员会提出了按照相同的能量而非相同容量征收燃油税，但每个成员国均以对其选民和汽车制造商负责为由拒绝了这一提案。

② 差异率增加的主要原因未知，但被认为是由于制造商逐渐变得更擅长突破测试的限制所致，包括拆除测试车辆的后视镜和用胶带封上所有间隙，使其更符合空气动力学要求，并在行驶时使用无胎纹的、完全光滑的轮胎。参见（转下页）

在实际使用中，两者的二氧化碳排放量仅相差几个百分点。

还有另一个缺点进一步削弱了柴油轿车的预期气候效益，它们的废气中还含有黑炭颗粒，而汽油发动机则几乎没有这一排放物。除了对我们的健康产生影响之外，黑炭颗粒也是气候变化的助推者，因为它们能强力吸收太阳的热量。由于欧洲的地理位置以及占主导地位的西南气流，来自欧洲的黑炭颗粒成为沉积在北极冰雪上的烟尘的主要来源，从而使北极产生气候变暖效应，冰雪加速融化。

即使对于石油公司来说，该计划也可能过于成功了。到21世纪第一个十年结束时，柴油轿车的宣传已经深入人心，市场对柴油的需求超过了欧洲炼油厂的生产能力。合理的政策回应应该是增加柴油税，但这种情况并没有发生。相反，欧洲开始进口其他地方生产的柴油，并出口石油公司无法出售的汽油。那么额外的柴油来自哪里？卡姆斯和赫尔默的追踪结果显示，供应链中的大部分额外柴油均来自俄罗斯的炼油厂。这些炼油厂都是陈旧和低效的工厂，意味着生产一加仑的柴油要使用大量的能量，因此产生大量的二氧化碳，这进一步削弱了其气候效益。因此，综合考量燃油经济、黑炭和俄罗斯炼油厂的额外排放后，从20世纪90年代后期到大众汽车丑闻爆发这段时期，欧洲柴油市场的繁荣对全球气候没有任何好处，这与公认的普遍认识不符。

（接上页）Kühlwein, J., *The Impact of Official versus Real World Load Tests on CO2 Emissions and Fuel Consumption of European Passenger Cars*. Berlin: ICCT, 2016。

天然气的发现改变了欧洲的石油用途，但美国、日本和其他主要汽车市场并未复制欧洲的做法。即使进入21世纪后，纽约的许多标志性摩天大楼仍然靠燃油供热。日本制造商选择投资汽油技术而不是柴油。从20世纪90年代中期到21世纪初的15年内，日本新车的二氧化碳排放量比欧洲下降更快、更迅速，到2010年，日本新车平均排放的二氧化碳比欧洲新出售的柴油车的排放量更低。通过投资柴油轿车技术，欧洲人支撑着没有任何其他人需要的技术。正是在极力想要打入美国市场的欲望的驱使下，大众汽车丑闻被公之于众。

为了确保柴油销量不受严格的污染标准的影响，欧洲的排放标准允许柴油轿车比汽油轿车排放更多的颗粒污染和氮氧化物。这一排放差异不小，完全忽略了健康影响。2000—2005年间，欧洲对销售的汽油轿车实行的标准要比同类柴油轿车严苛三倍。在美国，由于本土柴油轿车制造商很少，美国环境保护署没有理由像欧洲监管机构那样支持柴油，因此汽油和柴油轿车都必须达到相同的排放标准。当国际清洁运输委员会试图了解为何同样的汽车能够同时在欧洲和美国销售且满足两套不同的标准时，大众汽车的丑闻被揭穿了。在努力回答这一问题时，大众汽车只好承认自己安装了非法软件，可以在测试过程中改变汽车的性能。

大众汽车丑闻并不与气候变化或颗粒污染直接相关。它涉及氮氧化物①，即一系列包含二氧化氮的污染物。为了解这

① 氮氧化物是在高温燃烧条件下产生的。总的来说，它们并非来自燃 （转下页）

个问题，我们必须追溯到1999年，当时欧盟遵照世界卫生组织的准则，设定了二氧化氮排放限值。根据规定，这一限值必须在11年后，即2010年得到遵守，以给各方留出足够的时间。或者当时他们是这么认为的。

在欧盟设定2010年限值后，英国政府的第一反应并不是反对它，而是为自己设定了一个更加雄心勃勃的目标。1999年，英国决定提前5年达到欧盟限值标准，即到2005年而不是2010年满足限值要求。但英国很快就发现这一目标比预期更难实现。2001年，我正在伦敦从事空气污染研究工作。从我的办公室远眺，可以看到国会大厦和威斯敏斯特桥，因此，这是一个思考交通问题的理想地点。我们伦敦国王学院的团队很快意识到，再过短短几年的时间，所有那些驶过威斯敏斯特桥的伦敦车辆就必须实现氮氧化物排放量减半的目标。更奇怪的是，当时我们在伦敦市中心测量得到的二氧化氮数量远高于预期[8]。我们提出了各种解释，包括在伦敦市中心往来穿梭的众多黑色出租车或公共汽车排放的废气存在特殊问题。但实际上我们当时并不知道答案。

然而，无论现实情况多么糟糕，我们还是相信一切会出现

(接上页)料本身，而是来自高温燃烧后发生的反应，即空气中的氧气和氮气结合在一起后产生。其产物主要是一氧化氮气体，由一个氮原子和一个氧原子组成的分子。大多数燃烧，如车辆、燃气加热、发电站，都产生一氧化氮，也产生微量的二氧化氮(一个氮和两个氧原子)。这是造成健康问题的污染物。一旦车辆尾气或工厂废气遇到更新鲜的空气，一氧化氮也会变成二氧化氮，因为它会与氧气缓慢结合。因此，要控制二氧化氮，需要同时控制排放到空气中的一氧化氮和二氧化氮。

转机。新车的排放标准越来越严格，这意味着汽车和货车的氮氧化物将首次受到监管[①]。从2005年开始，新车必须通过更严格的实验室测试才能获批销售。排放限值将下调50%。所以，虽然伦敦在2005年没有达到目标，但是我们相信更严格的实验室测试将最终导致街道上的污染减少。我们坚信伦敦到2010年将解决二氧化氮的问题[②]。

但事与愿违。情况非但没有好转，反而变得更糟。与伦敦杜莎夫人蜡像馆隔街相望的是欧洲最先进的城市空气污染研究实验室。它有两个集装箱那么大，里面全是试管和管道，用于采集繁忙的马里波恩路（Marylebone Road）旁边的空气样本。实验室的铁门后是一间没有窗户的小屋，在屋内，过往交通的噪声被气泵的咔嗒声、阀门的震动声和空气通过管道的嘶嘶声所淹没，这些仪器被用来测量安格斯·史密斯所描述的空气中的不洁物。有时，当我独自在实验室时，我会关掉灯，安静地站在主分析室，惊叹仪器显示器和屏幕上不断滚动的数字竟然能照亮整个实验室。每天有超过8万辆汽车驶过实验室。它由我的同事和朋友大卫·格林（David Green）安装并管理，但来自世界各地的科学家都在使用实验室的数据。自1997年首次将其安装在人行道上以来，它一直是许多空气污染发现的现场数据来源。

---

① 有关标准和测试的信息请参见 https://dieselnet.com/。

② 2001年，我们的团队举行了一系列会议，讨论空气污染问题在短短几年时间得到妥善解决后该怎么办。由于担心我们的工作，我们聘请了一位噪声专家来使团队更加多元化。但事实证明我们是担忧过度了。

其中一项发现与我们的柴油故事相关。2003 年，仅仅持续 15 个月后，伦敦马里波恩路沿线的二氧化氮水平就停止了下降，反而上升了 25%。起初，它被认为只是暂时性现象。作为负责任的测量科学家，格林和我着手检查结果，并安装了另一台测量二氧化氮的仪器，但两台仪器都显示了相同的检测结果。我们希望这只是一种局部现象，但这种希望很快就破灭了。我们很快发现伦敦周边，甚至全英国都出现了二氧化氮浓度上升而非下降的现象。国际空气污染灾难正在缓慢拉开帷幕。最合理的猜测是，用于清除柴油车辆中的其他污染物的技术正在加剧二氧化氮问题。但我们敢肯定一件事情，那就是欧洲标准中遗漏了一些东西。控制废气中的全部氮氧化物（如欧洲标准中的规定）并不是控制二氧化氮的最佳方法。我们需要有针对性的办法，这是标准中没有提到的[9]。

政府对在 2005 年前实施更严格的排放标准表现出了信心，重要的是他们相信汽车制造商作出的保证，接下去此类事情将反复出现。没有必要改变政策或更仔细地观察汽车的尾气，我们只要再等一等就好。这就像刘易斯·卡罗尔（Lewis Carroll）在《爱丽丝镜中奇遇记》（*Through the Looking Glass, and What Alice Found There*）中所描述的“明天有果酱”的承诺。随着新车上路，城市中的二氧化氮，或者说所有氮氧化物的污染没有出现好转，反而变得更为糟糕。2005—2010 年，伦敦和巴黎的交通系统排放的二氧化氮每年平均增加5%[10]①。

2015年大众汽车丑闻爆发时,欧洲城市距达到法定限值还有很大的差距。在伦敦的一些街道上,二氧化氮的含量约为法律允许量的3倍。旨在控制空气污染和预防成千上万人早逝的政策失败了,这令欧洲蒙羞。仅在英国,估计每年约有2.35万人因吸入二氧化氮而死亡②[11]。虽然空气污染科学家对汽车公司作弊感到惊讶,但大众汽车丑闻爆发后,科学家们很快就明白,柴油车辆的氮氧化物排放问题远远不是一家汽车制造商的所为。单凭大众汽车一家公司无法导致政策的大范围失败。无论是什么原因造成了这一问题,归根结底都与在道路上行驶的大批车辆有关。那么,到底哪里出了问题?

我们当时的第一个推测是,道路上行驶的柴油轿车和货车数量的增长及其与汽油轿车相比更宽松的排气限制。然而,柴油车辆的增长不应该成为排气标准收紧失败的理由。

道路上所行驶车辆的尾气中到底有什么?由大卫·卡斯劳(David Carslaw)领导的一个小组对此展开调查[12]。他们不是对汽车逐一加以测试,而是批量检测了数万辆汽车。他们

---

① 希腊是欧洲各国中的一个显著例外。由于销售和使用的限制,柴油轿车在希腊的道路上很少见,当地车辆基本都使用汽油。从20世纪90年代中期到21世纪初,人们看到了二氧化氮显著下降的趋势。

② 该数值被认为是一个高估值。鉴于健康研究中二氧化氮和颗粒物污染之间存在重叠,二氧化氮的单独影响可能小于该数值。皇家内科医学院的估计数比此数值少25%。参见皇家内科医学院以及皇家儿科与儿童健康学院研究报告《我们的每一次呼吸》。

从丹佛大学引进了专业设备。这一设备就放置在伦敦的公路旁，它可以使用光束照射每辆过往汽车排出的尾气。它的发明者是唐·斯特德曼（Don Stedman），斯特德曼跟着设备到处走，设备在哪，他就在哪[①]。他的妻子也经常陪他来现场。有一年夏天，我每天下午都与卡斯劳、斯特德曼及其妻子在伦敦维多利亚女王街（Queen Victoria Street）测量交通废气。我从国王学院的运营中心骑自行车到现场，然后将自行车折叠，放在一辆背后挂满了电线和设备的小型白色面包车里。斯特德曼和他的妻子为迎接这些漫长的测量做好了充分的准备，他们带了躺椅，舒舒服服地躺在上面。我从附近的一家咖啡馆带去了下午茶，有幸被邀请坐在这辆停靠在路边的面包车里。车辆通过光束大约 10 秒后，我面前的一台老旧笔记本电脑上会闪现一个测量值，我负责读出数字。过了一段时间，我已经能够非常熟练地根据车辆的品牌和模型猜测结果。但斯特德曼更为厉害，能够在车辆还没经过仪器之前就远远地猜出哪辆车污染最严重，而且他每次都猜对。

斯特德曼主要在美国开展工作，美国几乎所有车辆都是汽油车。每个下午，他都沉浸在柴油车尾气带给他的兴奋和惊喜之中。工作即将结束前，我们得到了一个特别的待遇：在伦敦各家银行工作的高薪董事下班时驾驶刚上市几周的最新款汽车经过了测量点，其号称符合欧洲迄今最严格的标准。

---

① 不幸过世：https://magazine.du.edu/campus-community/chemistry-professor-donald-stedman-dies-lung-cancer/。

仪器每次显示检测结果时,斯特德曼都忍不住大喊。这些柴油车辆产生的二氧化氮数量是最高的。汽油车上的三元催化转换器运行良好,甚至比预期更好。有时,一辆新的汽油车通过光束时,我们根本什么都检测不到。与十年前的车辆相比,新型汽油车的排放量微不足道。但柴油车的排放量并没有下降。尽管测试标准越来越严格,但新车的排放量并没有出现下降,而且往往更糟糕。这是为什么?更重要的是,为何新车通过了日益严苛的测试,但实际排放的污染物却没有出现下降呢?

在官方测试期间,制造商会将每种新型汽车和面包车放置在实验室的滚轴上,然后发动汽车并完成一整套的测试。车辆将被缓慢加速到城市行驶速度,然后进行减速,最后进行一次时长 6 分钟的城际模拟驾驶测试。这与实际驾驶行为完全不同。

我很少有机会见到车辆工程师。面向环境科学家的大会和科学研讨会似乎对车辆工程师没有吸引力,我认为这是造成柴油机废气丑闻的部分原因。在与斯特德曼合作之后不久,我接到了在法国环境部工作的莱昂内尔·穆林(Lionel Moulin)的电话。他正在安排一次大型的交通技术会议,会议地点就位于他的巴黎办公室附近。由于觉得有必要在会议期间谈论空气污染的问题,他提议在大会期间召开关于车辆空气污染的专题会议,但他需要一些帮助。

他努力说服组织方同意他的建议,经过两次尝试后,组织者终于同意增加一场空气污染研讨会,尽管他们将研讨会安排在了下午5点钟，也就是一天的活动结束之时。我早早地抵达巴黎，跳下欧洲之星列车，赶往会场聆听一些科学讨论并参观会议展览。此类会议与空气污染领域的科学会议完全不同。这些会议能够产生经济效益，巨大的经济效益。会议吸引了成千上万的人参加，企业之间彼此销售产品和服务，会场里甚至还有最新的概念车，旁边穿着时髦的年轻模特不停地向参观者发放传单，让我耳目一新。

发言人提前在绿厅碰了面。我们计划了一下研讨会的安排，并在约定的时间走上演讲台。这是一个可容纳五六百人的大礼堂，但这是我作为演讲者经历的唯一一次发言人数超过听众人数的会议。没有人想了解空气污染带来的各种问题。因此，研讨会并没有按我们的计划进行，我们提前结束了讨论。我利用会议的机会与一名法国车辆工程师交谈。我询问了车辆必须通过的排放测试，以及为什么它们与实际驾驶存在如此大的差异。他咧嘴一笑，耸了耸肩，解释说这是因为测试已经过时了。这一测试的历史可以追溯到1990年左右，是围绕当时销售的汽车和货车而设计的。其中包括雪铁龙2CV，这是一款在20世纪30年代首次生产的车辆，主要面向法国农民而设计，当时许多法国农民正在使用马车[13]。这款汽车能够以60千米/小时的最高时速运送4名农民和50千克马铃薯，并且能够“护送”一篮子的鸡蛋穿过农田，因此，在70年代，2CV是一款流行的偶像车，深受嬉皮士和生态学家的喜爱，但它并不是一款性能车。90年代末速度最快的一款汽车的理论最高时速已经达到155千米/小时，并配有相应的加速装置。因此，只要一辆汽车的驾驶速度超过 2CV 的性能范围（这种情况很多！），它的排放就会超标。

在 21 世纪的头一个十年里，柴油轿车被配备了更强大的发动机，使它们能够像高性能汽油轿车一样行驶。它们与 2CV 截然不同。因此，似乎交通空气污染的问题并不是由于汽车和货车所致，而是由于不合理和过时的测试所致。这是政府的错，我们当时是这么以为的。随后，大众丑闻事件爆发了。

公众给政府施加了巨大压力，要求其查明是否还有其他汽车制造商作弊。英国的第一反应是写信给所有汽车制造商询问。为应对公众压力，欧洲政府开始自行测试柴油轿车，而不是依赖制造商的测试。一些调查中的偶然发现最终帮助我们揭开了真相。

英国的测试最明显地体现了两者之间的差异[14]。首先，汽车在实验室中进行了一系列正式测试。所有车辆都如预想一样通过了检测。然后，分析师对测试做了一点调整，以糊弄车上安装的识别软件。他们在测量一开始就启动快速驾驶模式，而不是模拟城市慢速驾驶的模式。由大众集团制造的车辆（测试的是斯柯达明锐）未能识别此项测试为标准测试，因而排放了大量氮氧化物，导致未通过测试。来自其他制造商的汽车和大众汽车的较新款汽车通过了调整后的测试，所以看起来这个问题仅限于老款大众汽车。接下来，又以常规方式进行测试，但引擎在测试前就已预热。奇怪的是，冷引擎（未预热的）比热引擎的平均排放量更高，有些车甚至高出 2.4

倍。最后，汽车被带到室外，完全按照模拟测试中的条件进行驾驶。结果，平均排放量要比室内正式测试高出 4～5 倍。有关这一差异仅仅是因为实验室测试太温和、对现代汽车要求不高的解释被否定。实际驾驶的排放量如此之高肯定有其他的原因。毕竟，汽车是要上路的，不是放在实验室滚轴上的。

英国的测试是在冬季进行的。如果大众汽车丑闻在 2015 年早些时候爆发，测试又是在夏天进行，我们可能无法发现大多数柴油轿车在寒冷的天气条件下会排放更多的氮氧化物这一事实[15]。就在大众汽车丑闻爆发前几个月，挪威进行的测试发现，在北欧的冬季，汽车尾气中的氮氧化物浓度极高，这令人十分费解[16]。这一结果本该引起重视，但各方却以“极端测试”为由将其轻描淡写。继大众汽车爆发丑闻近两年后，瑞典的 9 000 辆汽车也接受了的测量，结果发现瑞典普通柴油轿车在 10℃时产生的氮氧化物约为 25℃时的两倍[17]。因此，“气温差异”问题浮出水面。

当被问及测试结果时，制造商表示在寒冷的天气使用清理技术可能会导致发动机受损，从而有可能导致清理装置无法在预定的整个汽车使用周期内发挥作用。因此，车辆装有排气管清理装置，但为了确保其自始至终都能发挥作用，又几乎不加使用，这是很奇怪的逻辑。保护发动机免受损坏是允许的，所以这是完全合法的，与大众汽车安装非法软件的性质不同[18]。国际清洁运输委员会专家完全不赞同汽车制造商的说法[19]。

安全性在整个汽车行业中都是至关重要的，那么为什么不将这一使命扩展到确保尾气吸入者的安全呢？为什么制造商不能在污染排放上面比个高下，就像它们在碰撞保护和燃油经济上面相互较劲一般？关于实际污染排放的销售信息有助于使污染成为购买者作出选择的一个考量因素，但必须首先确保现实排放量与测试中的排放量相匹配①。2011 年，我参与了英国环境保护局（Environmental Protection UK）成立的一个标签计划工作组，要求制造商在新车的标签中注明车辆尾气排放的信息。由于汽车制造商提出了其中的技术问题，该计划很快就被搁置了。当时我没有过多思考背后的原因。随着大众汽车丑闻的爆发，我回忆起这一停滞不前的计划，思考我们当时本来有可能发现什么。

大众汽车丑闻爆发之后，经测试的柴油轿车确实有了一些改进，因此，我们对未来仍抱有希望。虽然测试标准的早期收紧在实际驾驶中几乎或根本没有效果，但符合 2015 年标准的最新车型（称为欧 6）的氮氧化物平均排放量仅为旧款车型的一半左右。然而，这仍然是测试条件下排放量的 7 倍左右。

大众汽车丑闻后出台了一条新规定，即新车型被批准出售之前必须经过一项新的实际驾驶测试，该测试将在 2020 年前全面实施。污染排放最高的车辆将在这一测试中落网，但这仍然不等于新车的实际排放量必须符合实验室的测试标准。2017 年，新车的排放量仍然是实验室测试标准的两倍

---

① 英国公司 Emissions Analytics 于 2017 年开始在线发布测试数据。具体可访问：www. emissions analytics. com。

以上。

2015 年,性能最佳的汽车已经达到了测试限值的要求。满足测试限值在技术上已经是可行的了。如果监管机构有志于确保 2017 年的新车能与 2015 年同类最佳产品相媲美,那么非法空气污染问题将能以更快的速度得到解决。如果继续保持 2010—2016 年的推进速度,那么巴黎要等到 2035 年左右才能达到 2010 年的限值要求,伦敦则要等到 2100 年以后[20],足足晚了 90 年。

我们将加速改善二氧化氮问题的部分希望寄托于符合欧 6 标准的卡车和公共汽车。这些标准与轿车标准不同。道路测试显示,满载的卡车产生的氮氧化物远远少于欧 6 标准的轿车①。这改变了我们对这些车辆的看法。拥有大型发动机的卡车和公共汽车的污染排放量竟然低于轿车,至少在氮氧化物方面属实,这多少有点让人吃惊。随着新车辆上路,二氧化氮水平在 2010—2016 年间开始下降,但要在所有地点实现改善,政策力度还存在不足。除依靠车辆自然更新外,我们还需要新的政策[21]。

氮氧化物家族的总排放量在没有单独控制二氧化氮排放量的情况下得到了控制。从 20 世纪 90 年代后期到 21 世纪的第一个十年,排气管内的二氧化氮或初级二氧化氮的水平

---

① 这仅在卡车的排气控制装置运行时才成立。令人担忧的是,2017 年底,英国运输部检查员发现每 13 辆卡车中有一辆卡车在排气系统中安装了作弊装置。请参阅 https://www.gov.uk/government/news/more-than-100-lorry-operators-caught-deliberately-damaging-air-quality。

没有下降,反而上升了[22]。这种趋势的出现为 2003 年我们在伦敦马里波恩路测量到的奇怪数据提供了一种解释[23]。排气管内二氧化氮增加,一是由于旨在控制废气中的一氧化碳和碳氢化合物的柴油氧化催化剂等技术所致,二是由于颗粒物过滤器防堵塞办法所致。因此,控制二氧化氮的最佳策略是,不仅要控制氮氧化物总量,还要控制排气管中的二氧化氮。

在二氧化氮问题浮出水面之前,柴油机废气的主要问题是颗粒物质。制造商选择的清理技术是柴油颗粒过滤器,据称其非常有效。当然,伦敦道路旁的黑炭或烟尘颗粒在 2010—2014 年间减少了[24],但与我们所获得的大量二氧化氮排放证据相比,只有有限的证据表明其正在发挥应有的作用[25]。从欧文斯的早期工作和 20 世纪七八十年代的酸雨问题中,我们得知人类呼吸的大部分颗粒都是污染物在空气中发生化学反应后形成的。来自欧洲柴油车辆的氮氧化物会与空气中的物质发生反应,形成颗粒污染物,因此,氮氧化物也是颗粒物污染问题的一部分[26]。

有关柴油机废气中的气态污染物在空气中所形成的颗粒,目前仍然存在很多疑问。后续证据又揭示了不同的问题:伦敦的一系列实验表明,目前柴油机尾气中不受管制的碳氢化合物可能会使欧洲城市空气中的颗粒物出现大幅增长[27]。

那么柴油车接下去该何去何从呢?大众汽车丑闻后公众对柴油车辆失去信心,控制尾气排放存在难度,标准日益严苛,这些因素可能会迫使制造商生产更清洁的柴油车辆。安装减排设施所需的额外成本和空间可能会使柴油被更多地用作大型车辆的燃料，小型汽车则转为采用较清洁的混合燃料发动机，日本就是这样的发展模式。2018年，有迹象表明新车购买者正在抛弃柴油轿车，但在政府补贴被取消之前，欧洲不太可能放弃柴油轿车。大众汽车丑闻爆发后，巴黎和一些其他城市承诺到2030年逐步淘汰柴油。由于目前公共汽车、卡车和其他重型车辆缺乏柴油替代品，实现这一目标仍然存在很大的困难。希望这一城市承诺可以推动创新。2017年，英国政府承诺到2040年停止生产新的汽油轿车和柴油轿车，但有意思的是，这项承诺中并不包括重型车辆。

柴油轿车的问题在欧洲尤为严重。“六城研究”的一位参与者于2004年在伦敦发表讲话时表示，据个人预测，欧洲会对推行柴油轿车一事感到后悔。柴油轿车未能实现承诺的气候效益，自20世纪90年代以来，柴油造成的空气污染可能已经导致几十万人过早死亡。即使在商业上，我们也应该对柴油轿车的成功提出质疑。虽然由于税收优势，柴油车在欧洲销售业绩良好，但在美国和日本市场的销量差强人意。若退回到柴油轿车推出之前，事情或许还有转机。欧洲轿车的柴油化是因为天然气在供暖和发电中取代了石油。与燃烧石油相比，天然气的使用可以减缓对气候的影响，并减少建筑物和工业产生的有害空气污染。但为了获得这一优势，我们是否必须付出相应代价，如将供暖燃料从石油转变为柴油并推出柴油轿车的措施对我们产生的不利健康和气候影响？

我们还想问政策制定者一些问题。为什么他们在面对交通污染控制政策不起作用的证据时，不早些采取行动呢？相反，他们选择继续信任汽车制造商，当旧的欧盟标准明显不起作用时，他们一次又一次地指望新的、更严格的欧盟排放标准来挽回局面。当所有的证据都指向不利结果时，政府却继续相信汽车行业做出的保证，这同样令人感到诧异。污染者的辩护声再一次淹没了环境和健康科学家的质疑声。制造商辩称，它们需要长期的途径来开发技术并将新车推向市场，但它们同时也应该承担责任，确保它们销售的产品对健康几乎没有影响。鉴于汽车制造商享有柴油车税收减免，它们应该向我们所有人解释，为什么它们生产的车辆符合法定测试标准，但在驶过家门口和学校时排出的尾气中的污染物水平却令人无法接受。

第 11 章
燃木取暖：最天然的家庭供暖方式？

21 世纪，一种旧的风潮悄悄在欧洲复燃。燃烧煤炭的家庭壁炉已经一去不复返了。但只要翻一翻报摊上的家装杂志或打开电视看一看室内设计节目，你就会发现装饰精美的起居室无一例外都用木柴燃起熊熊的炉火。这种看似不可或缺的室内设计背后是环保的代价。

欧洲西北部城市又一次因室内取暖而使环境受到污染，这一问题首先在巴黎被发现。2005 年，年轻的博士研究生奥利维尔・法维兹（Olivier Favez）发现了一种令人担忧的异常污染[1]。他正在测量巴黎舒瓦西公园（Parc de Choisy）四周的空气污染状况①。与巴黎典型的小公园和绿地一样，舒瓦西公园内有精心设计的小道、成荫的树木、喷泉和游乐场。公园的一侧是一座大型砖砌建筑，里面设有城市公共卫生实验室，法维

① 距离蒙苏里天文台约 2 英里，19 世纪后期，世界上第一次长期臭氧测量就是在蒙苏里天文台进行的。见第 5 章。

兹正是在这幢楼的屋顶上开展空气污染检测。不出所料，他的仪器显示，空气中含有大量来自柴油轿车的煤烟。但法维兹也注意到了另一种污染物，他对此并不陌生，只是没想到它会出现在法国首都的中心区域。该仪器曾被用于测量阿尔卑斯山山谷中的空气污染，当地热衷于燃木，空气受到严重影响，因此法维兹马上辨认出了这一污染物。如果测量正确的话，那么巴黎也存在严重的燃木污染。法维兹在随后的五个星期持续测量，每个晚上他都测到了燃木产生的空气污染，污染在周末的夜晚尤为严重。燃木烟雾可能使巴黎的颗粒污染物增加了10%～20%。而且，燃木污染发生在市中心，并非来自乡村。

西欧其他主要城市的燃木烟雾污染问题也逐渐浮出水面。科学家在测量其他物质时偶尔发现了这一污染物。2010年，我作为城市空气污染国际顾问小组的成员在巴黎开展工作。该小组由马丁·卢茨（Martin Lutz）领导，他以前曾在欧洲委员会工作，现在是柏林市政府空气污染部门的负责人。我们仔细研究了法维兹的数据和后续测量数据，发现后者也揭示了燃木污染广泛存在这一事实。因此，我们都开始思考自己的城市是否存在燃木问题，以及这一问题的普遍性。在一次令人难忘的会议中，卢茨自信地宣称，柏林不存在燃木污染问题。他低估了家庭壁炉复旧风潮的威力。

我们当时并不知道，博士生桑德拉·瓦格纳（Sandra Wagener）正在柏林调查该市的树木和植物与城市空气污染之间的关系[2]。她从城市的三个不同地方收集了空气中的颗粒样本并将它们带回实验室分析。她寻找的是一种叫作左旋葡聚糖的化学物质。与洋葱烧烤后味道变甜一样，木柴燃烧时会释放出左旋葡聚糖。瓦格纳发现了大量左旋葡聚糖，而且不只在绿树成荫的郊区，燃木问题在整座城市普遍存在。

后来，德国、法国和比利时也发现了同样的问题。市政府认为燃木已经是过去式了，但科学家们的测量证明事实并非如此。

伦敦的情况略有不同。2008 年，随着气候变化问题的凸显，英国政府制定了具有法律约束力的碳排放目标。人们很快意识到，如果不改变家庭、学校和办公室的供暖方式，到 2050 年温室气体排放量减少 80%的目标将无法实现。使用可再生电力加热是一种解决方案，但这需要大量增加可再生能源。另一个解决方案是通过太阳能电池板、热泵和燃木进行可再生供暖①，并由政府补贴支持。理想情况下，木柴将在高效的现代锅炉中燃烧，并经由清洁系统加以净化，而非用于家中的炉灶和火炉[3]。但无论采取哪一种方式，我都坚信伦敦的空气将在未来 10 年内再次发生变化。我认为最好能收集一些基准数据，以便为今后的评估提供参照。

2010 年冬天，我们伦敦国王学院的团队在一个全长 22 英里的路段周边的社区放置了采样器，以进行测量。该路段始于西部的伊灵（Ealing），一直延伸到东部的贝克斯利（Bexley）。蒂莫西·贝克（Timothy Baker）负责安装采样器，安雅·特雷珀（Anja Tremper）负责准备过滤器。有些天很冷，我们就轮流外出收集过滤器。我们站在高高的梯子上，双手冻得瑟瑟发

---

①《默顿条例》（Merton Rule）和可再生供暖激励倡议就此诞生了。

抖。每个过滤器都被带回实验室，小心地用箔纸包裹并冷冻。实验结束后，所有样本都被小心地装在一个巨大的冷藏箱中，然后用飞机送往挪威进行分析。

两个月以后，我们终于收到了挪威实验室的分析结果。其间许多个夜晚，我都辗转难眠，担心实验的结果。实验花了很多钱，但是燃木的影响真的明显吗？我想象自己站在资助者的面前，涨红了脸，无奈地耸耸肩，宣布伦敦的空气中存在燃木产生的污染物，但我无法说出具体的数字。

最终收到的电子邮件给了我一个很大的惊喜。很明显，燃木已经成为伦敦的普遍问题。我又做了一些测算，结果发现燃木（一种非官方的采暖方式）排放的颗粒物占伦敦人冬季所吸入颗粒污染物总量的10%[4]。研究还揭示了其他一些特点：燃木主要发生在周末；伦敦人并不是每天晚上都依靠燃烧木柴来取暖；他们主要将木柴作为一种装饰性或额外的热源。

伦敦的低排放区举措已于两年前启用。这是改善城市空气质量的重要一步，那么燃木对其有多大的影响？我又进行了测算。测算结果表明，燃木产生的额外污染不仅抵消了伦敦低排放区举措前两个阶段的预计减污收益，而且其所产生的颗粒数量为当前已实现减排量的6倍。

燃木问题十分严重，需要采取一些措施，否则，我们在清除交通和工业污染方面的投资将因人们在家中燃烧木柴而打水漂。随着新政府鼓励人们燃烧木柴，情况只会变得更糟。我开始四处奔走相告，将数据提交给了环境部，还在英国和欧洲各地的会议上展示。我与柏林和巴黎的科学家合作，发表了一篇题为《是时候应对城市燃木问题了》[5]的文章，向各方发出警示，但是，地方、城市和中央政府都专注于治理交通污染，没人愿意听到还有另外的问题要解决。

直到2015年，英国政府的一项调查显示，英国约有十二分之一的家庭正在燃烧木柴。英国迅速对官方污染排放数据做了修订，称木柴燃烧产生的颗粒物排放量是交通尾气的2.6倍[6]，燃木污染问题最终得到承认。

伦敦国王学院拥有一个非常庞大的英国空气污染测量数据库。其中一些数据（约5 200万条）的来源就是法维兹2005年在巴黎测量时所使用的仪器。但是，我们以前主要使用这些测量数据来研究柴油轿车产生的黑炭污染。我突然想到可以利用数据库来开展法维兹的工作，计算出全英国的空气中含有多少燃木生成的污染物，我们可以向前追溯近8年的时间，即追溯到2009年开始测量的时候。我们可以迅速获得结果，而不必等待收集完样本后再送到挪威分析。更让人开心的是，我不必冒着严寒爬上梯子去收集样本。

我和同事安娜·芳特（Anna Font）开始着手工作[7]。我们的数据中心拥有一些功能强大的计算机，经过数百万次计算之后，我们得到了结果。在英国各大城市中，燃木使冬季的颗粒物污染增加了3%～17%。奇怪的是，尽管英国售出了将近150万个燃木炉，但燃木造成的颗粒污染并没有增加。污染的水平很稳定，甚至略有下降。这是怎么一回事？一种可能的解释是，燃木重新流行的时间早于我们的预想，大部分家庭使用保留下来的旧壁炉生火。到2009年我们开始测量时，新的燃木炉开始取代开放式火炉。与开放式火炉相比，现代燃木炉产生的污染不到其四分之一。

我们得出的平缓趋势可能是由于两个因素相互抵消所致。一是过去使用开放式壁炉的家庭开始使用新的壁炉，从而减少了木柴烟雾问题；但与此同时，燃木取暖成为一种风尚，更多的家庭加入其中。很明显，人们的习惯也在发生改变。2009 年和 2010 年，燃木主要发生在周末。到 2016 年时，每天晚上都会发生。这符合以下的推断，即人们可能会在周末使用旧壁炉共度家庭时光，但安装新式壁炉的 150 万户家庭可能每晚都会使用壁炉，以充分利用其投资。

与燃木有关的另一个问题是燃木发生在何时、何地。人们燃木取暖的时候往往是邻居们都在家的时候。随着燃木烟雾的增多，它会飘散到每家每户，很多人会受到影响。温哥华的一项研究发现，即使是在居民区适度燃烧木柴，也比交通要道上的车辆所产生的污染严重，因为大多数人在路上停留的时间很短暂[8]。

作为一名空气污染研究人员，我注意到公众来信的内容发生了变化。他们过去都强调交通运输的污染，但现在主要关注社区燃木的问题。写信的人大多为承担家庭护理职责的人士，即在家照顾年长亲戚或父母的人。还有公众反映孩子的卧室里满是来自邻居家烟囱的烟雾。我相信这些情况都只是冰山一角。

英国的大城市仍在实施于 1952 年伦敦烟雾事件之后制定的相关烟雾控制法。烟雾法还禁止开放式燃木取暖。伦敦几乎所有的地方都是烟雾控制区，但是在 2015 年，伦敦 68% 的燃木取暖家庭使用的是开放式壁炉。显然，法律已经不起作用了。从许多方面而言，燃木控制要比 20 世纪五六十年代控制燃煤要容易得多。当时，人们除了用固体燃料取暖以外没有别的选择，但是 20 世纪 70 年代以后，大多数英国家庭都使用天然气或电器取暖。城市里无须依靠燃烧木柴来取暖。

距法维兹发现巴黎存在严重的燃木污染问题 10 年后，该市差一点就颁布了禁止开放式燃木壁炉的法令。2015 年年初，在距这一禁令实施仅剩几天时间时，法国生态部长塞格琳·罗亚尔（Ségolène Royal）在一系列特别声明中抨击其为“荒谬”的政策，尽管该政策源自她自己的部门[9]。燃木产生的颗粒污染物数量高于交通尾气，但禁止燃木是一种过度反应；禁止在壁炉前喝一杯葡萄酒来度过一个浪漫的夜晚，这是对法式生活方式的一种攻击。我们再一次遇到了怀旧思想的反击，即壁炉是家庭的心脏，因此，剥夺房主享受火炉前的欢乐是一个政治雷区。这种一边倒的言论延迟了 20 世纪 50 年代的烟雾清理工作，以后还会反复出现此类情景。它无视将空气作为废气处理的现实及其对附近地区的影响。显然，为了让更多的政治家和公众相信室内燃木取暖存在的危害，空气污染科学家还有许多工作要做。

那么人们为什么喜欢燃烧木柴来取暖呢？当你坐在燃烧的壁炉前，脸颊和脚趾感受到一阵阵的暖意，眼前还有一团火焰在轻轻舞动时，答案就揭晓了。它让人放松、感觉舒适，令人身心愉悦，使人安心。当丹麦人被问及为什么要使用燃木火炉时，他们将舒适、惬意和放松列为首要原因[10]。现在，人们只要轻按一下开关或打开恒温器即可使用区域供暖设施，还可以使用电器或燃气设备取暖，但人们享受将木头放入壁炉内燃烧，慢慢让屋子变暖的过程。劈柴和添加柴火可以成为家庭活动，因此丹麦人喜欢自己动手加热屋子。与我们喜欢在家做饭而不是从超市购买即食饭菜一样，燃木取暖被认为是改善生活品质的一项活动。

媒体上有许多关于气候变化和节约能源的报道，木柴是一种碳中性燃料，这是导致其流行的第三个原因。大多数丹麦人认为，木柴燃烧产生的烟雾比其他污染物危害更小，并将其与快乐的童年记忆联系在一起。是的，丹麦人也闻到木柴燃烧产生的难闻气味，但他们总认为这种味道来自邻居家，而不是自己家。新南威尔士州的澳大利亚人也提出了类似的理由，他们将自己动手加热房屋的舒适感和满足感列为首要原因。他们也清楚木柴的烟雾十分恼人，但是同样认为这是从邻居家或外地人的家里（那些新搬来的住户或者租户）传来的。城镇中弥漫的污染物被认为是天然雾气而不是烟雾。

在澳大利亚，燃木取暖还使人们能够通过卖木柴的樵夫与过去的乡村生活建立联系。在种植葡萄的猎人谷（Hunter Valley）进行的一项调查发现，大约有30%的燃木取暖者知道燃木有害于邻居的健康，但是只有18%的人愿意倾听并改变自己的行为，而且前提是不能太麻烦[11]。尽管新南威尔士州每年因燃木污染产生的医疗费用估计达到80亿澳元，但人们对政府和媒体传递的信息感到困惑。一方面，他们被告知燃木取暖是碳中性行为，能够产生益处，另一方面，他们又被警告其存在健康危害。面对这种自相矛盾的情况，他们只能坚持做自己想做的事情，那就是燃烧木柴来取暖。

一提起新西兰，我们首先想到的是原始丛林、山脉、河流和峡湾，美味的葡萄酒和食物，蹦极，电影《指环王》取景地和优秀的橄榄球运动员。现实却与其宣传的形象不太吻合。新西兰正在想方设法应对农耕和农业对其环境产生的影响，包括溪流和河流受到的污染[12]。

按世界标准来衡量，新西兰的空气状况良好。新西兰距离世界上其他地方都很遥远，这是它的一大天然优势。与亚洲、欧洲和北美的大部分地区不同，新西兰不必面对邻国污染物大量涌入的问题。新西兰各大城市交通繁忙，但柴油轿车并不多，因此空气污染的治理不像欧洲城市那么复杂。由于天然气供应有限和电费昂贵，许多新西兰人，尤其是南岛的新西兰人，依靠木柴来为房屋供暖。2013年的人口普查发现，有54.6万户家庭（占36%）使用木柴取暖，这一数字与挪威和丹麦相近，冬季，这些家庭每天要燃烧超过1.3万吨木柴[13]。因此，在寂静的冬夜里，颗粒污染物不断累积。

2016年冬天，我很幸运地以国际燃木研究代表团成员的身份受邀访问新西兰①。我们像剧团一样在新西兰四处“巡演”，介绍我们的工作。我们拜访了位于惠灵顿的国家政府和

---

① 衷心感谢新西兰国家水资源和大气研究所，特别是盖伊·库尔森（Guy Coulson）和伊恩·朗利（Ian Longley）。

坎特伯雷地方政府，甚至还在南部山区的前淘金热小镇——箭镇（Arrowtown）的社区大厅里进行了一场午间临时“表演”。演讲的反响不错，听众提出了各式各样的观点，阐述的视角也颇有新意。在箭镇的演讲和讨论是我们此行最后一项活动议程。我们休息了几个小时，然后来到了南部的克莱德（Clyde）和亚历山大（Alexandria）。我们爬上山顶，俯瞰小镇，欣赏日落。景色十分美丽，但是当太阳落山、寒冷的夜晚来袭时，一阵阵烟雾从各家各户的烟囱中升腾而起。慢慢地小镇被烟雾所包裹。由于两边被大山所遮挡，烟雾无法消散。

根据新西兰的国家颗粒物污染标准，每年允许有一天污染超标，但基督城（Christchurch）2016 年有 5 天颗粒物污染超标，而提马鲁（Timaru）则有 27 天超标。在某些地方，燃木取暖产生的颗粒物占冬季颗粒物污染的 90%。室内供暖并非可有可无。许多新西兰人早上醒来时都能在屋子里看到自己呼出的“白气”。而且在新西兰，房屋隔热效果差，燃料匮乏，导致冬季出现高死亡率和青少年哮喘发病率。双层玻璃和中央供暖已经是欧洲或美国的标配，但在新西兰并不常见。许多家庭仅使用燃木炉或电加热器为一个房间加热。其影响是显而易见的。我们走访了基督城周围的一些家庭，并与当地住户交谈，了解每天晚上房子里充满邻居家飘来的烟雾时作何感受。在一次走访结束后，我们路过当地一所学校，看到孩子们正在练习英式篮球，此时一阵木柴燃烧后的烟雾飘过运动场，慢慢将他们包裹。

该问题的存在并非是由于缺乏研究。几十年来，基督城一直是燃木取暖研究的重点地区。新炉灶必须符合严格的排放标准，并且各方经常就燃木污染展开辩论，但污染仍然得不到显著改善。与其他地方一样，新西兰人燃木取暖首先也是为了舒适和惬意，但促使其燃木的还有另外两个原因。第一个是适应力，当电力供应因恶劣天气或地震等自然事件而中断时，他们能够不依靠电力取暖。至于第二个原因，坎特伯雷大学的朱莉·库普勒斯（Julie Cupples）在与同事共同撰写的《穿上外套，别这么不抗冻：新西兰基督城的文化特征、家庭取暖和空气污染》一文中做了清晰的陈述[14]。库普勒斯发现，新西兰社会以男性为主导，崇尚拓荒精神，因此新西兰的“爷们”冬天穿短裤，从不撑伞，这种心态导致当地社会青睐燃木取暖，他们更愿意使用免费的木柴而非昂贵的电力，并认为在隔热方面的投资是不必要的奢侈品。

这与巴黎燃木取暖禁令被紧急叫停背后的原因如出一辙，就新西兰的问题而言，我们需要让公众知道燃木取暖的危害。了解真相后，人们应该理性地采取行动，摒弃有损健康的生活方式。但我们知道这只是一种奢望。尽管人们知道抽烟、开快车和吃含糖食品的危害，但他们仍然坚持这些不健康的生活方式。我们需要采用另外的方法。

轻推理论（Nudge theory）的支持者则有不同的看法①。基于行为科学、政治和经济学的思想，轻推理论倡导使用积极强

① “轻推”的产生源于自由主义政府观与家长式政府观之间的矛盾，前者主张对人们的生活干预最小化，而后者则认为需要引导人们改变行为，从而改善社会。理查德·塞勒（Richard H. Thaler）因此获得了 2017 年诺贝尔奖。

化或间接建议来尝试推动变化，与推销人员向我们出售香烟、高速汽车和含糖食品的手段基本相同。每次你去超市购买牛奶和面包，最后还带着糖果和巧克力出来时，你都被“轻推”了。新西兰基督城地区议会一直在尝试“轻推”有助于减少燃木污染的想法。例如，向居民发出挑战，比试住区里谁的点火方法最好，谁的燃木技术最高超①。议会还提供视频和课程来鼓励人们尝试新的想法，例如从柴堆的顶部点火，使用大量引燃物。缺乏引燃是燃木炉初次点燃后时有冒烟的原因之一，我们参观的新西兰城镇中都存在这个明显的问题。基督城正在尝试免费提供引燃物。但是主要的问题是将木柴劈碎做引燃物需要时间，而且常常会弄伤手指。

2011 年，一个简单实用的劈柴装置诞生。新西兰人足智多谋，看到自己的妈妈在劈柴时弄伤手指后，13 岁的艾拉·哈钦森(Ayla Hutchinson)有了一个绝妙的主意。为了使手指远离斧头，她将斧头的刀刃焊接到一个钢架上，劈柴时，只要将木头架在刀刃上，用锤子敲击木头即可。劈柴神器就这么诞生了。在短短的 5 年内，哈钦森的这项校园科学发明被投入生产，产量为每月 1 万个。

这些想法有多大帮助，还有待观察，但是改善燃木技术只是基督城污染治理工作的一部分。基督城没有彻底禁止燃木炉，但新的燃木炉需满足更严格的排放标准。

在许多发达国家，清洁炉被视为减少燃木污染的一种有

---

① 参见 https://www.warmercheaper.co.nz/。

效方法。开放式燃烧产生的污染最严重。它产生的颗粒污染物甚至比最老旧的火炉高出 2～4 倍。最现代的炉灶和木质颗粒燃烧器的效果更好，它们产生的污染物不足开放式燃烧的五分之一。因此，从壁炉升级到取暖炉，再从旧式取暖炉升级到通过污染测试的新式取暖炉，应该能够减少燃木造成的空气污染。

这一方法存在的一个主要问题是，壁炉和取暖炉的使用寿命很长。人们几乎不用更换新的。伦敦 68%的开放式燃烧使用的是几十年前，甚至 100 多年前随房子一起建造的壁炉。取暖炉同样可以使用这么长的时间，因此，只为新火炉设定标准可能会使城镇居民在未来几十年内一直吸入受污染的空气，除非限制使用不符合新标准的旧式壁炉和火炉。

政客们通常不愿意指挥人们在自己家里能做什么和不能做什么。加拿大蒙特利尔市是一个显著的特例。1998 年，该市受冰暴袭击而发生断电，人们只好依靠木柴应急。此后，该市居民纷纷安装燃木炉，以备不时之需，再加上此时装饰性壁炉风尚的兴起，在短短几年内，木柴烟雾颗粒竟上升至该市颗粒污染物总量的 39%。该市的空气污染变得不受控制，陷入了与英国 20 世纪前 20 年相同的处境。为应对这一问题，2018 年，蒙特利尔市出台了禁令，禁止居民使用除最新式火炉外的一切壁炉和取暖炉[15]。

另一种方法是由政府资助实施火炉更换或报废计划。在实施报废计划时，由政府向住户提供补助，用以升级火炉或壁炉。美国科罗拉多州的前淘金小镇王冠峰(Crested Butte)率先实施了社区火炉报废计划。该镇现在以滑雪和山地自行车而闻名，但在空气污染领域，它因成功将冬季空气污染减少60％而名声大振。该计划在1989—1990年实施，全镇几乎一半的旧式暖炉在此期间被更换为新式暖炉，另有三分之一被拆除或报废。西雅图和里诺也实施了旧暖炉替换计划。

最受研究者关注的可能是蒙大拿州的利比镇(Libby)。利比镇是洛矶山脉北部小型社区的典型代表。当地大多数居民依靠木柴为房屋供暖。当地的地形结构像一个“浴缸”，利比镇位于“浴缸”的底部。早期的定居者选择这里，是因为它可以躲避寒冷的冬风，但它的劣势是到了冬天，山谷里的空气污染物无法消散，因而不断累积。

利比镇经历了最好的时代，也经历了最坏的时代。20世纪20—30年代，利比镇的金矿、银矿和铅矿为它创造了大量财富，但是随着这些资源的减少，该镇的经济主要依靠蛭石矿维持。蛭石被作为岩石开采，但加热后转变为类似于鱼鳞的薄片，可用作绝缘材料、水泥板原料或土壤改良剂。利比的矿山曾经生产全球80％的蛭石。当1990年矿山关闭时，该镇的经济遭受了重创。2002年锯木厂又被关闭，所有大型雇主都离开了，导致当地许多居民陷入贫困。

更为雪上加霜的是，该镇盛产的蛭石中后来被发现含有某类石棉物质。最初，此类石棉被认为不同于其他石棉，没有毒害作用，但是蛭石矿关闭后不久，间皮瘤开始在当地居民中出现，这是一种不常见的石棉诱发类癌症。当地四处都使用蛭石工厂提供的免费蛭石，花园、车道、棒球场和学校跑道，以及房屋的隔热材料中都有蛭石的踪影[16]。受蛭石危害的人群很快就从矿工蔓延到了他们的伴侣和孩子。

在更换暖炉前，该镇82%的颗粒物污染来自燃木。最重要的是，许多使用旧式低效暖炉的家庭每年冬天都为没钱购买足够的木柴供暖而犯愁。政府实施了一项重大投资计划，目的是替换该镇所有的旧式燃木炉，投资金额超过250万美元。此举不仅可以净化空气，还可以提供更高效的暖炉，帮助处境艰难的家庭节省燃料费。

超过1 100个暖炉被更换、重建或报废。其中大部分被符合现代标准的燃木暖炉和颗粒炉所取代，大约有8%的居民决定不再使用木柴取暖。冬季的颗粒物污染减少了27%，使该镇达到了美国法律规定的限值[17]。

蒙大拿大学的托尼·沃德（Tony Ward）与同事一起调查了此举对该镇儿童的影响，这些孩子都是在矿山关闭后出生的。更换暖炉后，镇上儿童患喘鸣、呼吸道感染和咽痛的概率降低了[18]。值得一提的是，受益的不仅是使用燃木暖炉的家庭，整个城镇的空气污染状况都有了好转，这表明燃木烟雾会影响整个社区。

因此，只要涵盖的范围足够大，新式低污染暖炉就可以发挥作用，但更换暖炉的缺点是新暖炉也不是完全没有污染。利比镇的燃木烟雾并没有完全消失。暖炉的设计越来越优化，不同位置都有进气口，以确保木柴接近完全燃烧。到2022年，欧洲销售的暖炉必须符合生态设计标准，该标准对暖炉可产生的烟雾量做了限制。但是，与柴油车一样，测试的烟雾排放量与实际使用过程中的排放量之间会存在很大的差异。像汽车测试一样，暖炉的测试是在非常理想的条件下进行的，放入干柴燃烧一个小时左右就结束了，但在实际使用时，需要经常加柴和翻柴，以确保炉火可以燃烧一整晚。

大部分木柴实际燃烧数据来自盖伊·库尔森及其新西兰团队[19]。库尔森在英国长大，曾是英国南极调查局和埃塞克斯大学的研究员。2005 年，他离开英国，搬到了新西兰，并遇到了一系列新的空气质量挑战。2005—2009 年，他的团队爬上了 50 多户新西兰家庭的屋顶，以测量烟囱的排放物。他的研究团队在北岛和南岛均进行了测量。他们在每户被测家庭的花园里放置一个装满测量设备的蓝色大箱子，再用管道将设备与烟囱连接在一起。他们给每个房主一个日记本和一台天平秤，放在木柴篮下方用于称重和记录，并抽取其木柴进行分析。

研究结果与实验室测试结果大相径庭。平均而言，实际烟雾含量是实验测量数值的近 10 倍。即使是相同的暖炉，测量结果也存在很大的变动。有时排放量接近实验室数据，有时则高出 16 倍。寻找原因是一个很大的难题。找不到单一的原因，但使用湿木柴被认为会增加污染，关闭暖炉的通风孔也同样会增加污染。不过，最主要的原因是暖炉的点火。这是促使基督城和整个坎特伯雷地区开展公共信息和教育活动的原因之一，但是库尔森的研究得出的一个重要结论是，对暖炉实施更严格的排放标准和更换暖炉所能实现的减排量是有限的，即使是最新式的暖炉也会产生大量污染物。

禁燃是控制燃木烟雾污染的另一种途径。具体的做法是允许人们在有风的天气燃烧木柴，因为风能吹散烟雾，但在其他天气则禁止燃木，以免污染物在空气中累积。自 20 世纪 80 年代后期以来，华盛顿州已经在普吉特海湾和西雅图实施禁燃令。禁燃采用两步走的方法。第一步，只允许使用符合环境保护局标准的暖炉；第二步，禁止燃木取暖，除非这是唯一的房屋供暖办法。我们都知道，执行的力度是确保禁令起作用的关键。如果有人在寒冷的冬季夜晚燃烧木柴，用肉眼很难看到，进入房屋检查非常耗时且十分麻烦，因此，执法人员使用红外热像仪在城市中监测是否有烟囱正在冒烟。违反禁令者将被处以 1 000 美元的罚款。

加利福尼亚州的圣华金谷（San Joaquin Valley）也颁布了禁燃令。加利福尼亚州并非全都是阳光照耀的海滩。圣华金谷夏季炎热干燥，而冬季寒冷、多雨多雾。2000 年和 2010 年的人口普查结果显示，该地区只有不到 10％的家庭使用燃木取暖，但这些住户在冬季排放的颗粒物占该地区总颗粒物的 80％以上。最严重的时候，这些家庭每天排放 23 吨颗粒污染物。自 20 世纪 90 年代起，该地一直实施禁燃令，但效果不佳。只有实施更严格的禁令才能发挥作用。2003 年，禁燃的天数从每年 15 天调整为 100 天，因此，大部分冬日都是禁燃日。现在，“禁燃查询”网站会告诉人们某一天是否可以生火。随着禁令的日益严格，颗粒物污染下降了 11％～15％，空气质量较差的天数比例从 35％下降至 12％。而且，重要的是，因不同类型的心脏病而入院的老年人数量下降了7%～11%[20]。看来,适度禁燃似乎可以发挥作用,而且圣华金谷禁令还鼓励人们在其他日子也不要燃烧木柴,这让前景更为乐观。

另一个范例是澳大利亚的岛州——塔斯马尼亚州(Tasmania)。费伊·约翰斯顿(Fay Johnston)从澳大利亚炎热的北领地(Northern Territory)来到寒冷的塔斯马尼亚州,并在该州的农村社区工作了20年。约翰斯顿曾在一档电视节目中谈及她们家搬到塔斯马尼亚州后所购置的房屋:"我们找到了一座可爱的老式房屋,屋内有挑高的客厅和走廊,需要燃烧木柴取暖。柴火让整个屋子变得暖洋洋,让我心情愉悦,但这也带来了问题。"20世纪80年代末至90年代初,燃烧木柴取暖在塔斯马尼亚州很普遍。这引发了冬季污染问题,尤其是在朗塞斯顿(Launceston)。朗塞斯顿坐落在河谷中,污染的空气很难扩散。州政府意识到需要采取措施来控制城市的空气污染问题,燃木产生的空气污染必须减少一半。政府的主要举措是鼓励人们改用电器取暖,而不是改良暖炉。打着"你该停止制造烟雾了!"标语的广告开始出现,政府还向房主提供500澳元的补贴。

这一举措非常成功。燃木取暖的家庭数量从66%降至30%,空气中的颗粒物污染减少了40%。约翰斯顿和她的同事们发现,燃木烟雾对健康有很大影响[21]。由于烟雾几乎减少了一半,冬季死亡率降低了约11%,这一变化在男性中最为明显。心源性死亡和呼吸性疾病的发生率均有所下降。

与所有同类研究一样，因果关系的证明是一个难点。在上述研究中，约翰斯顿将朗塞斯顿的数据与200千米以外的霍巴特（Hobart）的数据进行了比较。霍巴特没有鼓励人们放弃燃木取暖的计划，人们的健康状况没有得到改善。朗塞斯顿的减污工作并未就此结束。后续计划侧重于改进人们燃烧木柴的方式，而不是鼓励人们转用电器取暖。但可惜的是，这没有产生可测量的效果[22]。

燃烧物与污染之间存在重要关联。在一个新西兰小镇的保龄球俱乐部进行的测量得出了令人担忧的结果。佩里·戴维（Perry Davy）、比尔·特罗佩特（Bill Trompetter）及其同事用了两年多的时间调查了怀努约马塔镇（Wainuiomata）的空气污染，该镇位于惠灵顿附近，约有1.6万人口[23]。草地保龄球在许多新西兰城镇的生活中十分重要，有些俱乐部的历史可追溯到100年前。在怀努约马塔镇保龄球场一侧的漂亮花坛旁，有一个供球员使用的遮阳篷。它的后面有一个外观现代的白色大箱子，箱顶上安装着采样设备以及一款外观类似于20世纪50年代电影《禁忌星球》中的机器人罗比的仪器。这里是怀努约马塔镇的空气污染测量点。不出所料，整个冬天，这个小镇的空气中都弥漫着燃木烟雾，但是当戴维和特罗佩特对烟雾中的化学物质进行检测时，检测结果让他们吓了一跳。烟雾中存在砷微粒，其含量高于新西兰的法定限值，比欧洲的砷限值高出50%。世界上其他一些曾被检测到空气中含有砷的地方都在金属工厂和电池制造厂附近，但是怀努约马塔镇是一个居民区。

唯一可能的解释是，人们正在燃烧用铬化砷酸铜处理过的建筑木材。铬化砷酸铜发明于20世纪30年代，目的是防止木材腐烂和被虫咬坏，虫子会直接被砷毒死。这些木材燃烧时，砷就被释放到空气中。你可能曾经在木材交易商那里或DIY商店中看到过经铬化砷酸铜处理的木材。处理过的新木头略呈绿色，但是随着木材变旧，很难看出它是否经过处理。

新西兰科学家们很快发现，这不只是怀努约马塔镇的问题。经过处理的木材到处都在燃烧。砷是阿加莎·克里斯蒂(Agatha Christie)小说中谋杀的代名词。新西兰空气中的砷还不至于造成如此严重的结局，但有一项研究估计，砷将导致新西兰全国癌症相关死亡病例增加约50例[24]。

砷不是燃木社区的空气中唯一的有毒金属。2008年开始的全球经济危机对希腊产生了极为严重的影响。该国陷入了严重的金融危机：养老金被削减，税收增加，失业率飙升，青年失业尤为严重。取暖油的税负低于柴油，黑心商人为了牟利，开始将取暖油作为柴油出售，将差价收入囊中。为了弥补这一漏洞，政府增加了取暖油的税收。价格上涨了40%，取暖油的销量下降了。2013年，希腊迎来了一个异常寒冷的冬天，雅典降雪，出售非法采伐木材的木材场涌现[25]。塞萨洛尼基(Thessaloniki)的颗粒污染物增加了约30%。在雅典，金融危机最初导致人们开车减少，空气质量因此得到改善，但冬季燃木导致空气甚至不如从前[26]。与新西兰一样，雅典郊区的空气中出现了更多的砷，这说明人们正在燃烧建筑废木材。

而且，人们还燃烧旧的漆木和家具来取暖，导致空气中的铅颗粒也出现了上升。

2013年的冬天对希腊人来说特别难挨，但这并不是第一次在燃木烟雾中发现铅。在大多数欧洲城市，包括意大利、匈牙利、德国和芬兰的城市，当人们燃木取暖时，空气中的铅含量就会升高。因此，使用废木材的地域范围可能比我们预想的更为广泛，它破坏了燃木取暖的原始自然形象①。

到目前为止，我们只关注了发达国家的燃木问题，但要应对室内固体燃料的健康影响，这只是隔靴搔痒而已。室内燃木生火对发展中国家的影响远大于发达国家。2015年，它造成全球约285万人死亡。低收入和中等收入国家中有约30亿人必须依靠木柴、稻草、粪便及其他生物质来煮饭。大多数人会用三块石头搭一个简易火炉，再在上面放一口锅烧饭做菜。在低收入国家，这种家庭空气污染是导致早逝的第二大风险因素。负责做饭的通常是妇女，她们和家中的老人受到的污染最严重，但儿童受到的影响也非常严重。它导致了儿童肺炎等发达国家罕见的疾病。情况最糟糕的国家是非洲和

---

① 瑞典的一项测量提供了另一种解释。彼得·莫尔纳(Peter Molnar)及其同事在瑞典的哈格福什镇(Hagfors)开展了一项测量，他们将采样器放置在人们身上，告诉人们像往常一样过冬。结果发现当地居民吸入的燃木烟雾中含有铅，但莫尔纳认为铅可能来自树木生长的土壤，而不是铅漆，这反映了含铅汽油几十年来所造成的祸害。参见 Molnar, P., Gustafson, P., Johannesson, S., Boman, J., Barregård, L., and Sallsten, G. (2005), "Domestic wood-burning and PM 2.5 trace elements: Personal exposures, indoor and outdoor levels." *Atmospheric Environment*, Vol. 39(14), 2643-2653。

南亚国家，这些国家燃烧废弃农作物，空气污染状况通常更为严重。与西欧家庭将燃木暖炉作为装饰品不同，这些国家没有替代能源。相反，目前的解决方案必须集中在改善木柴的燃烧办法上，鼓励人们摒弃用三块石头搭建的简易炉灶，改用烹饪炉，并从无烟道炉灶过渡到带烟道炉灶。

世界各国已经进行了一些大规模试点行动。中国推出全国炉灶改良计划，向农村居民分发了 1.8 亿个炉灶，并为炉灶建造烟囱。印度也推出了类似的计划，对 3 200 万户家庭实施炉灶改良。还有一些试图让人们完全摆脱燃木做饭的计划。印度于 2016 年推出了一项 3 年期计划，目标是使 5 000 万人获得瓶装液化石油气。在厄瓜多尔，水利供电计划让全国所有家庭都通电，居民得以放弃传统的炉灶，改用电磁炉。一项针对 2.1 万名中国农民的研究发现，改进炉灶可以减少因肺癌而导致的死亡。实际上，这些计划的好处远远超出了治理空气污染，它们还可以为当地社区带来长期的经济利益。如果妇女和儿童能够减少收集柴火或其他天然燃料以备做饭的时间，他们将有更多机会为家庭赚钱或有更多时间接受教育[27]。

关于燃木的最新研究引起了进一步的关注。我们都见过房屋烟囱冒出的烟雾，但是排入大气后，这些烟雾去哪儿了呢？要找到答案，我们必须去瑞士看一看。

尽管面积很小，但瑞士在空气污染科学领域领先世界，坐落于阿尔卑斯山山谷中的村庄燃烧木柴，空气污染也很严重。横跨巴塞尔和苏黎世之间的阿勒河（River Aare）的保罗谢尔研究所(Paul Scherrer Institute)拥有欧洲最先进的空气污染实验室，以及国内最出色的科学家。与阿里·扬·哈根斯密特调查洛杉矶烟雾时所采取的办法一样，安德烈·普雷沃特(André Prévôt)及其团队首先对室内空气污染进行了研究。他们在巨大的测量室内放置巨大的透明塑料气球，以密封受污染的空气进行研究。

有一天，艾米丽·布伦斯(Emily Bruns)将一个燃木炉带进实验室进行新的测量。她点燃了一些原木，燃木烟气慢慢充满了其中一个实验室。然后他们开始等待。室内灯光被用来模拟太阳光，过了几个小时，他们注意到这些烟气开始发生变化。烟气中的气体和颗粒发生反应，生成了更多的污染颗粒。在某些实验中，颗粒污染的浓度增加了约60%，在另一些实验中，则增至原来的3倍[28]。

芬兰的研究也得出了类似的结果。密闭房间里的试验结果可能不同于现实情况，但是如果这些实验与现实有一定程度的类似，那么燃木造成的空气污染甚至比我们想象的还要严重。

未来，我们将对供暖系统进行低碳化处理，在为住宅和办公室供暖时，木柴燃料有望取代化石燃料。英国已经考虑了各种能源方案，但是只有那些主要依赖可再生能源或核能的方案才能帮助我们实现气候目标。风能、潮汐能或太阳能等可再生能源只有在具备一定条件时才能收集，并非想用就用。木柴、煤炭、天然气和石油等燃料则可以在有需要时随时使用，如寒冷的冬天夜晚。燃烧木柴或生物质是一种填补能源缺口的可再生方式。我的同事们研究了未来英国各城镇增加使用木柴燃料会产生的潜在影响。尽管预计来自交通和工业的颗粒物污染将减少，但减少的污染可能会被木柴燃烧增加的污染所抵消，因此，2030 年前后，英国城市（拥有全国 80% 的人口）中的颗粒污染物数量预计将与 2015 年相同，这将使 20 世纪中叶以来持续推进的污染物防治工作变得停滞不前[29]。

但是，燃木真的是一种碳中性行为吗？鼓励燃木，是否会让我们掉入与欧洲柴油轿车相同的陷阱？当然，燃烧木柴与燃烧化石燃料一样，都会释放二氧化碳。实际上，在热量相同的情况下，燃烧木柴产生的二氧化碳比燃烧煤炭产生的二氧化碳多，并约为天然气的两倍。这是由于木柴的化学成分及水分含量所致。木柴就像海绵，即使干燥的木柴也包含约占自身重量 20% 的水分。未经干燥的木柴其水分含量达到 40%或以上。木柴燃烧时，必须先排出水分，这也会消耗能量。

燃烧木柴时，只消几分钟的时间，储存在树木中长达数十年或数百年之久的二氧化碳就被释放出来。木柴燃烧对气候没有影响的理由是这些二氧化碳会在树木生长过程中被重新吸收。但是这个过程需要时间。因此，在一段时间内，燃烧木柴产生的二氧化碳高于化石燃料。为了比较木柴和化石燃料，我们需要考虑两种可能的情形。其一，我们燃烧化石燃料，树木在森林中生长并吸收二氧化碳；其二，砍伐树木并将其作为燃料，然后在相同位置种植新的树木。在极端的情况下，如果我们砍伐并燃烧处于碳吸收能力峰值的成熟树木，则这些碳被重新吸收的时间将超过一个世纪①。如果我们燃烧森林经营产生的碎木片或木屑等废弃材料，则碳的重新吸收期最短。

但是，除了燃烧木柴本身产生的二氧化碳外，我们还必须考虑林业机械以及木材加工和运输所使用的化石燃料的排放量。欧洲家庭燃烧的加拿大木柴都是经过长途跋涉、远道而来的：60 英里的公路、600 英里的铁路、1 万英里的海路，所有的运输都要依靠化石燃料驱动。因此，木柴燃烧实现气候中立只能是长期事件，前提是我们种植的树木要多于砍伐的树木。

因此，木柴燃料的气候惠益并不像最初看起来的那么乐观，因此我们在描述木柴燃料对气候有益时需要谨慎。如果我们要避免不可逆转的气候临界点并限制全球最高气温上升值，那么在未来几十年内限制木柴燃料产生更多二氧化碳至关重要[30]。

只要木柴被用作家庭取暖或烹饪的燃料，就存在空气污染，而且我们也发现了其危害健康的很多证据[31]②。由

---

① 这引发了激烈的争论。倡导木柴能源的人认为，树木无论如何都会被砍伐，并以其他方式加以使用，例如用于纸张或木料。辩论的另一方则认为，燃木将增加木材总需求，并导致更多树木被砍伐。如果是这种情况，那么就需要通过增加森林面积及其储存的碳来加以平衡。

② 科学家也通过实验证明了吸入燃木烟雾对健康存在危害。Bolling，A. K.，et al. (2009)，“Health effects of residential wood smoke particles: The importance of combustion conditions and physicochemical particle properties.” *Particle and Fibre Toxicology*，Vol 6(29)。

于人们总是顺从地接受周围的污染，污染就变得不可见。只有消除或减少木柴燃料时，才能清楚地看到其对健康的危害。

在西欧，燃木烟雾问题的核心在于不合理，当地家庭的消遣或装饰性燃木取暖风尚正在抵消我们在清洁空气方面取得的进步。就像20世纪50年代伦敦的空气污染一样，解决这一问题需要让政府步入一个雷区：指导居民在自己家里可以做什么和不能做什么。我们需要跨出这一步，因为各家各户的烟雾正在污染各自的社区。暖融融地围在自家壁炉前烤火，这是何等美好，但是严峻的现实问题不容忽视。从这个意义上讲，这与禁止在酒吧和饭店中吸烟的辩论相类似。像车用柴油一样，木柴燃料曾被宣传为一种气候中和的燃料，但如今这一点也遭到质疑。19世纪和20世纪的冬季雾霾以及发展中国家的显著污染问题，应该已经让我们明白家中燃烧固体燃料的危害，但欧洲的西北部地区却重蹈覆辙。木柴和煤炭燃烧产生的颗粒物污染难以控制，烟雾却在人口密集的社区不断产生。即使只有少数家庭燃烧木柴，所产生的烟雾也可能成为附近社区乃至整个城市的颗粒污染物的主要来源。

销售暖炉的公司强调新的标准，称只要人们使用现代暖炉就可以放心地燃烧木柴。但是，即便是符合新生态设计标准的暖炉仍然会排放颗粒物。从测试的限值来看，符合生态设计的暖炉仍被允许排放高达现代欧6标准柴油卡车6倍，或现代柴油轿车 18 倍的颗粒污染物[32]。车主正在为净化尾气买单，工业也在为烟囱排污买单，但家庭燃木暖炉正在快速地抵消这些气候收益，这公平吗？我们有其他的取暖办法，没有理由非要使用木柴或固体燃料为房屋供暖。改变态度、习俗和习惯并非易事，但必须行动起来。

第 12 章

交通的过错

20 世纪 50 年代，大多数英国和欧洲家庭都买不起汽车。如今，发达国家的许多家庭都认为拥有汽车对于提高移动性及上班、购物和休闲都至关重要。但是在 20 世纪后期的发达国家，交通运输成为空气污染的代名词。市政府优先考虑修建更多道路，以适应机动车交通的预期增长，健康和环境问题被忽视。这导致了所谓的“挡风玻璃”交通规划，这种规划仅从汽车司机的视角来看问题。它首先考虑汽车的使用，然后考虑公共交通，最后才考虑步行和骑自行车[1]。这些规划不关注替代交通方案，很少顾及环境和健康影响。

面对严峻的压力，世界各地出台了许多计划，试图解决道路交通造成的空气污染，它们取得了不同程度的成功。

对新车实施越来越严格的排放标准应该能够确保它们比被替换的汽车更清洁。这一想法是遏制全球交通污染工作的核心。尽管发生了大众汽车丑闻，而且欧洲汽车制造商未能遵守二氧化氮限制标准，但它们在减少其他污染物（尤其是汽油废气中的污染物）方面非常成功。源自欧洲或美国的标准现已在国际上推广使用。美洲各国紧跟美国标准，全球其他地区一直效仿欧洲的做法，只是它们遵守的是欧洲 10 年前或更早以前发布的标准。例如，2014 年，印度大部分地区销售的新车只需要满足欧洲 2000 年的排放标准，尽管新的尾气控制技术已经存在。

在整个欧洲，设立低排放区已成为加速治理城市空气污染的首选。相关措施包括限制老式车辆进入中心城区，甚至整个城区。低排放区或环保区始于 1996 年，瑞典的斯德哥尔摩、哥德堡和马尔默等城市在该年出台了禁止旧式重型货车上路的法令。瑞典以外的第一个低排放区是 2002 年宣布的勃朗峰隧道，随后这一做法慢慢传播到其他国家。到 2015 年初，欧盟地区已设立 200 多个低排放区，分布在 12 个国家，其中德国有 70 个，意大利有 92 个。大多数低排放区仅限制重型货车，但德国、希腊（雅典）和葡萄牙也限制旧式轿车，意大利还限制摩托车[2]。世界上最大的低排放区（980 平方英里）位于伦敦，于 2008 年设立。欧洲的另一个特大城市巴黎于 2017 年加入低排放区俱乐部，限制遵照欧 1 和欧 2 排放标准制造的轿车和摩托车（2000 年前），以及不符合欧 3 标准的重型车辆（2006 年之前）[3]。

衡量空气污染控制措施的成效，是一件十分困难的事情。许多人期望新政策出台的第一天就能出现明显改善，但这不太现实。只要天气发生改变，就很难察觉明显的变化，低排放区的评估也存在自身的问题。第一个困难是，新车一直在取代旧车。低排放区只是加速了这种趋势，因此，我们需要将这种额外收益与自然更新换代的预期收益分割开来。第二个困难是，车辆不会在实施低排措施的第一天突然发生改变。在伦敦，车队运营商在实施低排措施 6 个月前就开始对车辆进行升级。对于伦敦人来说，这是件值得称道的事情，因为低排放区的惠益来得早，但它使变化曲线变得平滑，更难被发现。在该减排区实施第一天，变化几乎为零[4]。第三个困难是地区的经济野心。汽车行业和车主有很大的媒体发言权，与政府关系良好，因此，有关低排放区的辩论倾向于强调其对企业造成的损失和影响，致使低排放区的规模遭到缩减。在伦敦，由于商业上的反对，低排放区第三阶段计划被推迟了两年。

低排放区的影响或许也比设想的更为复杂。2008 年，伦敦低排放区使得郊区道路附近的尾气颗粒出现下降，但伦敦市中心却没有出现任何改善。要找到原因，必须更仔细地研究每个区域的交通类型。伦敦市中心的交通空气污染主要来源于公共汽车，早在低排放区实施前，所有公共汽车就已经安装了颗粒过滤器。因此，低排放区给伦敦市中心带来的额外收益很小。相比之下，伦敦的郊区交通以大量的老式重型货车为主，所以其收益要大得多[5]。这给我们的一个重要经验教训是，必须围绕每个城市现有交通类型设计低排放区。2012 年，伦敦取得了一些小小的进步，伦敦低排放区第三和第四阶段计划使全市的颗粒污染减少了约 3%[6]。

与伦敦不同，德国的低排放区还禁止污染严重的轿车，并重点限制柴油轿车。这些低排放区也很成功。经检测，在全国范围内，低排放区内城市和非低排放区内城市之间的空气污染的确存在差异[7]。颗粒物污染的差异尤为明显。相比之下，荷兰低排放区的成效却不理想。原因之一可能是荷兰的计划力度不够，它们只针对每个城市的小块区域，并且只禁止最旧式的卡车[8]。

人们常常担心限制重度污染车辆通行会导致它们转移至周边地区，只是转移了问题，而非解决了问题。在伦敦实施低排放区之前，其拥有英国最古老的一个运输车队。推行低排放区后，运营商购买新车，车队迅速发生改变，而且幸运的是，没有证据表明旧车辆被转移到伦敦其他地区[9]。德国也是如此，反对者担心低排放区会造成邻近地区的空气污染更为严重，但根本没有出现这一问题[10]。看来低排放区会促使许多老式车辆报废。

如果低排放区有效，为什么欧洲的城市会出现如此严重的二氧化氮污染问题呢？21个欧洲国家没有达到2010年生效的二氧化氮法定排放要求。交通数据显示，伦敦低排放区在禁止最老式车辆方面是有效的[11]，该政策部分起了作用。但是，如第10章所述，符合欧洲法规的新柴油轿车的实际排放量并未下降，这抵消了低排放区本应产生的收益[12]。

其他的污染控制举措集中在减少交通总量上。欧洲有几个城市制订了交通限制计划，调整停车位或补贴公共交通，以控制最严重烟雾[13]。这些计划非常类似于美国西部的禁燃令，即禁止在烟雾天燃烧木柴。欧洲最大的交通控制计划出现在巴黎，其中的措施包括主要道路限速、乘坐公共交通工具免费或发放补贴，以及禁止某些轿车[①]。类似计划也在法国和比利时的其他城市进行了实施。2015 年，马德里制订了烟雾紧急行动计划，规定在烟雾天采取临时措施。2016 年 12 月，该市根据车牌号对轿车实行了为期一周的限行，规定奇数和偶数车牌轿车交替行驶。在奥斯陆，为抵制 2016 年的冬季雾霾，柴油轿车被禁止通行两天。这些临时限行令引起了争议，可用于证明其有效性的证据很少。从健康影响的角度来看，我们知道长期暴露于空气污染比短期暴露更加危害，因此建议的做法是将污染治理作为一项日常工作，而不是只治理最严重的烟雾以取得"短暂"的成果。

与欧洲在烟雾天采取临时应急措施的做法不同，南美洲一些国家每天实施各类限行措施，对此，人们已经习以为常。首项措施由圣地亚哥于 1986 年推出，名为"车辆限行计划"，即在某些天限制某些车牌的轿车上路。随后，墨西哥城宣布"尾号限行计划"，巴西圣保罗和哥伦比亚波哥大也相继推出类似计划。北京和天津在 2008 年奥运会期间也实施了车辆限行，奥运会结束后，政府对该措施加以调整后继续在北京予以实施。这些计划能够在一定程度上改善空气质量，但是有几个因素削弱了计划的成效。有些计划仅在高峰时段实行，因此人们只需改变出行时间即可。许多计划的限行区域太小，以至于看不到污染治理的成效，还有一些计划以失败而告知，因为人们为了避免被限行，又购入新的轿车（通常是老式

① 巴黎的控制计划还视烟雾事件的性质，对工业和农业进行限制。

的和污染更严重的轿车),从而使空气污染问题变得更加严重[14]。

伦敦的交通拥堵收费方案是一个很好的范例。该方案自2003年开始实施,每天向进入面积为14平方英里的核心城区的车辆收取费用,该地区约占大伦敦地区面积的1.4%。收费筹集的资金用于支持全市公共交通(主要是公交服务)的改善。尽管第一年核心城区的交通量减少了18%,但治污的成效却并不明显。像许多交通限行措施一样,该区域规模小且收费时段有限,限制了其改善城市空气的潜力。另一个原因是车辆限行产生的减排效应被公共汽车和出租车数量的增加所抵消,因为后者可以在该区域内更自由地通行了[15]。有人指出,收取交通拥堵费并没有什么效果,这种观点可以理解,因为伦敦市中心的交通的确拥堵不堪,但是如果将收费取消,又会产生什么后果呢?当然,用于公共交通的资金会减少,但至于交通量会增加多少,就很难预测了。

印度尼西亚的雅加达让我们见识了取消交通限制的灾难性影响。2017年,雅加达取消了大容量车辆(high occupancy vehicle, HOV)通道。HOV车道于20世纪70年代首先在华盛顿、纽约和加利福尼亚被引入,随后又被美国和国际上的很多城市所采用。HOV车道不能被空载车辆所使用,仅供载客的汽车在高峰期快速通行,此举旨在鼓励拼车。批评人士说,将整根车道分配给少量车辆是对道路空间的低效利用,如果没有这些车道,道路将更为畅通,雅加达突然叫停HOV车道后,这一说法不攻自破。雅加达叫停这一计划的原因是为了防止租用乘客的交易增多，在这些车道附近，人们排队等待被租用，特别是孩子。当事情被曝光后，市政府不得不立即采取行动，于是，该计划被连夜叫停，车辆突然可以在所有车道上通行。但是，出行时间和交通拥堵情况并无好转，反而整个道路网络几乎瞬间陷入了更严重的拥堵。每英里的堵车时间最多增加 3 分钟，而且这种影响波及从未实施 HOV 车道的道路[16]。取消限制吸引了更多的人使用汽车。这被称为“诱导出行”(induced travel)。

“诱导出行”是与道路建设有关的一项悖论的核心问题。伦敦 M25 高速公路上的驾驶员很熟悉这种现象，增加额外的车道几乎对减少该道路的交通流量没有作用，拓宽后的道路还是与以前一样拥挤，甚至更加拥挤。拥挤的交通导致人们一次又一次地提出增设车道的建议。提高道路通行能力对于解决道路交通和空气污染问题是徒劳之举。在英国和其他地区，有无数这样的例子。

在思考道路建设时经常涉及两个悖论。第一个是布雷斯悖论①。这源于博弈论，描述了在道路网络中新增一个路段后的结果。例如，增加一条绕城公路。所有驾驶员都决定使用新路线，以期更快地从 A 地到达 B 地。虽然这一决定对于每位驾驶员来说都是明智的，但由于每个人都做出了相同的决定，导致新路线上的拥堵加剧，道路网络的整体效率降低，没

① 不欲查阅德语原文的，可阅读简明的英文摘要 https://www.forbes.com/sites/quora/2016/10/20/bad-traffic-blame-braess-paradox/#57129abe14b5。

有人受益。

第二个是杰文斯悖论，它对环境经济学有着广泛的影响。1865年，时年30岁的威廉姆·斯坦利·杰文斯（William Stanley Jevons，他更喜欢大家叫他斯坦利·杰文斯①）正在思考英国未来的煤炭储量和经济增长问题[17]。杰文斯出身于利物浦的铁商家族，由于铁厂生意萧条，杰文斯20多岁就赴澳大利亚，在新成立的国家铸币厂做化学家，薪水颇丰。澳大利亚是一个新兴国家，正在经历一波又一波的淘金热，经常围绕铁路建设展开辩论。这激发了年轻的杰文斯对经济学的兴趣。回到英国后，他看到国家正在被不断改良的蒸汽机驱动而蓬勃发展，但是当煤炭用完时会发生什么呢？当时人们普遍认为提高效率可以延长煤炭的使用期限，但杰文斯对此予以驳斥，他认为"假设经济地使用燃料等同于减少消耗，这完全是一种观念的混乱。事实恰好相反"。提高效率在短期内可以减少煤炭的用量，但是商品成本的下降将推动需求，出现反弹效应，导致更多的工厂开张，更多的煤炭被消耗②。

这与交通通行时间相类似。每当新的道路建成或现有道路条件得到改善后，从A地到B地的时间都会相应地缩短。这使通行更为便捷，因而更加受通勤和旅行人士的欢迎，此

① 杰文斯对动力飞行的挑战有许多有趣的想法。他也提倡使用电力，称其是一种传输能量的好办法，但对只使用静电表示遗憾。他还将风和水等自然能源与煤炭进行了比较，前者受天气变化的影响，后者则随时可以取用。

② 杰文斯认为，需要将能源或资源效率的提高与环保税结合起来使用，以防止成本降低，促进产生社会红利。或实施限额交易（cap-and-trade）之类的计划，出售有限的污染排放许可证。

外,货运的成本也相应降低了。但反过来,这又会导致通行需求增加,就像煤炭的更高效利用导致煤炭的消耗增加而不是减少一样。

1994年,英国的一个政府委员会得出了激进但正确的结论,即修建新道路不会缓解交通拥堵现象[18]。委员会对许多计划进行详尽研究后得出了这一结论,其中之一是伦敦的西路(Westway)高架路,该高架路始于伦敦西部的帕丁顿(Paddington),高架行车线由混凝土支柱支撑。它是20世纪60年代的主要土木工程项目之一,是英国最长的高架路。其目的是将交通运输从下方道路转移到空中的高架道路。但是,西路高架路迅速涌入了新的车辆,因为新事物总是受人们的欢迎,而下面的道路仍然拥堵不堪。

该委员会还研究了伦敦东部的黑墙隧道(Blackwall Tunnel)。维多利亚时代后期,黑墙建了一条隧道,供行人和马车从地下通过泰晤士河。它成为连接肯特郡(Kent)和伦敦东区的一条重要纽带。20世纪60年代,伦敦修建了第二条隧道以及新的连接道路,以缓解地下隧道的交通流量。为了调查这条新隧道是否缓解了拥堵,委员会研究了新隧道建成前后的所有地下交通。新隧道开通后,附近的渡轮和桥梁的拥挤状况并没有得到缓解,伦敦东部过河高峰期的交通量增加了50%。拥堵并不完全是交通量的增长所致,伦敦西部地区桥梁的交通量增长不到10%。伦敦东部新建的隧道催生了新的出行需求。

这种影响不仅限于伦敦。对环城公路(包括英格兰西北部的两条公路和阿姆斯特丹的一条公路)进行的研究表明,新路线增加的交通流量与替代路线上减少的流量并不匹配。2006 年,对英国三条绕行通道进行的调查也得出了类似的结论[19]。当将市中心和绕行通道的交通量加在一起时,发现新道路开通后总交通量增加了,市镇中心地带仍然拥堵。

美国也存在类似的情况[20]。有时候,道路上的车道数量增加一倍,交通量就会增加一倍。新建或扩建道路未能缓解拥堵,因为人们不再错峰出行,而是同时前往新的道路,导致交通拥堵得不到缓解。这就是布雷斯悖论。

许多新道路计划的出台是为了支持本地或区域经济增长——更方便地将货物运入或运出某个区域,或提高该区域的商业吸引力。如果新的道路能促进经济效益的增长,那么在道路建设完成后,商业交通预计将会增加。但是,增加的商业交通量通常只占交通总增量的一小部分。在美国,扩建道路上交通流量增长的主要来源为私家车。往来次数不是主要原因,因为人们每天只上一次班,而不是两次。但是,由于新道路的建成,他们决定前往离家更远的地方工作或购物。

“诱导出行”可以反向进行吗?是否可以通过降低道路通行能力来减少交通量,从而改善空气污染?

简而言之,答案是肯定的。一项针对 11 个国家的 70 个案例的调查显示,道路通行能力的下降可导致交通量的减少[21]。调查的案例包括:欧洲各城市在市区设置行人专用道;伦敦市在遭遇 1993 年爱尔兰共和军爆炸事件后进行限行;伦敦的威斯敏斯特桥、塔桥和哈默史密斯桥等桥梁因修缮而被关闭；英国各城市的市区交通方案；引入公交专用道，如英国和加拿大多伦多；英格兰封闭南部的一条乡村公路；挪威城镇的街道改善项目；澳大利亚霍巴特（Hobart）的塔斯曼大桥倒塌；日本和美国加利福尼亚因受地震影响，部分交通网络突然中断，等等。每个案例都不同，因此很难直接进行比较，但是在一半的案例中，超过11％的车流量消失。在某些案例中，交通减少只是短暂的，驾驶员会适应新的道路网络，但是若道路通行能力的降低是永久性的，是更广泛的交通策略不可或缺的一部分，则交通流量的降低将是长期现象。目前尚未对这些案例的环境效益进行研究，但是减少交通流量不仅可以减少空气污染排放，还可以带来多种回报。它可以减少城市噪声和温室气体排放。

我们的货物运输方式也会影响空气污染。运输乘客的公共汽车、火车、有轨电车和地铁网络由城市负责管理，且通常为市政所有。但是，货物运输则由企业自行负责，由私人公司竞价提供货运服务。送货车辆通常从城市外围地区出发，因此，交通规划者将卡车和货车视为暂时的访客，而忽略了它们的需求。同样，货运司机眼中的城市只有迷宫般的街道，希望尽快送完货离开。这使货运司机与其工作地点断开了联系[22]。

人们对货运车辆熟视无睹的态度我深有体会。几年前，我去参加在伦敦市中心举行的一次交通规划会议。演讲人提供了有关伦敦市中心通勤人口逐渐上升及其通勤方式的详细信息，还提供了附近地铁和公交路线的数据，分析得很有条理。这时，我看到窗外的马路上全是卡车，它们排起了长队，等待通过红绿灯。在提问环节，我问演讲人外面的卡车为什么排起了长队。他看了看窗外，耸了耸肩，坦言无法回答这一问题。

对货运车辆关注过少产生的后果，从街道和空气受到的影响中可见一斑。货车是 1996—2016 年间英国增长最快的汽车类型——增长了近 71%[23]。欧洲也呈现类似趋势。这些新型货车几乎全部由柴油驱动，因此与柴油轿车一样，也会导致二氧化氮排放问题。货车使用量的增长通常被人们归咎于网上购物和送货上门，但交通数据却给出了不一样的答案：货车数量的大部分增长出现在网络购物兴起之前，那么，这些货车都在运输什么货物呢？2008 年，大多数货车用于设备运输，这可能源于 20 世纪 90 年代以来的自主创业需求。如今，企业处理库存和物料的方式又发生了巨大变化。开在办公室地下的大型文具商店已经消失。现在，当人们需要耗材时，就在线订购，第二天下午，零售商会直接送货上门。这意味着我们的建筑物不用预留商店的空间，货物被“及时”送到工厂、零售店和办公室，这意味着仓储效率低下的问题已转变为道路低效运输的问题。2014 年，在伦敦周围行驶的货车中，有 39%的车辆的装载量不足四分之一[24]。在市中心行驶的货车几乎都是空车，运输公司之间相互竞争，重复相同的路线送货。由于竞争激烈，货运业难以遵守雇佣法。城市货运市场的结构决定了大城市内的货运车队最为老旧。据估计，2014

年,巴黎市中心有 1.2 万家轻型运输公司[25]。还有大约八分之一的配送由小型企业直接提供,特别是商店的店主,他们往往驾驶旧式的货运车辆。自由市场不起作用。

在全球范围内,很难找到管理完善的货运分配系统。芝加哥中部地区有一个长达 60 英里的密集隧道网络,1959 年以前,这些隧道一直被用来收集废物,以及运送邮包、煤炭及其他货物到一条窄轨铁路的站点地下室。这启发伦敦在市中心建设了一条地下邮政铁路,这条铁路一直运营至 2003 年[26]。在葡萄牙的波尔图,有专门的货运有轨电车运送煤炭和鱼类产品,在德国的德累斯顿(Dresden),大众汽车公司使用货运有轨电车将零件从铁路仓库运至工厂。但这样的例子少之又少。

货运集散中心是一个可行的方案。货物被运输至这些集散中心后,对其按目的地加以归集,并统一装上货车(有时是电动车辆),完成最后几英里的运输,这么做确保了运货车辆都是满载的。到目前为止,这些中心还没有被证明是否具备经济效益,因为当前的运输系统尚未承担所有环境成本。高效的国家邮政垄断经营也有助于控制该问题。无论采用哪种解决方案,显然都需要对城市货运进行更宏观的规划,这与各城市规划和管理市民公共交通大致相同。

令人激动的是,电动汽车为解决城市空气污染问题提供了一种可行解决方案。我们使用电动汽车在伦敦运送试验设备。驾驶电动汽车轻松有趣。2017 年,英国和法国宣布,

2040年后将不再出售汽油和柴油车辆[27]。巴黎随后出台的2030年禁止令占据了国内新闻的头条[28]。这是否预示着内燃机的消失和城市清洁空气时代的到来？恐怕不会，或者至少在接下来的20年内不会。这是出于多方面考虑后的推断。首先，最明显的是，我们需要可再生或无污染的电力才能拥有零污染的电动车。其次，英国的禁令仅适用于轿车，不适用于大型车辆。目前尚无禁止柴油卡车和公共汽车的禁令。最后，排气管不是道路交通中唯一的空气污染源。如今，与车辆废气相比，道路、刹车和轮胎的磨损造成的颗粒污染问题影响更为严重。所有类型的车辆（包括电动车辆）都是如此，磨损产生的颗粒污染问题似乎日趋严重。我的团队在2005—2015年跟踪了伦敦65条道路的空气污染状况，调查结果也证实了这一趋势[29]。我们惊讶地发现，一些道路的颗粒物污染状况非但没有改善，反而正在恶化。这些道路主要集中在伦敦郊外，路上行驶的重型卡车数量不断增加。因此，我们发现，柴油机排气管改善带来的空气收益被轮胎、刹车和道路磨损增加的颗粒物抵消了。

刹车、轮胎和路面的磨损程度取决于车辆的重量。电动车窗和空调之类的配件意味着新式车辆可能比替换的旧式车辆重。较重的车辆会造成更严重的道路磨损，刹车时需要耗费更多的能量。

轿车、货车和卡车的刹车系统也发生了变化。20世纪90年代，我的轿车安装的是密封的鼓式制动器。30年后，大多数汽车都使用开放的盘式制动器。盘式制动器在1902年获得了专利，但此后 50 年一直未被用于轿车，直到捷豹开始在赛车中试用。盘式制动器这一创新技术使得捷豹在 1953 年勒芒 24 小时耐力赛中夺冠。由于盘式制动器的刹车距离仅为鼓式制动器的一半，因此捷豹的赛车手可以晚一些在拐角处刹车，从而赶超了其他所有必须早些开始刹车的车手[30]。慢慢地，盘式制动器的可靠性问题不复存在，它们取代了机动车辆中的鼓式制动器，但这也带来了一个问题。随着制动盘和制动垫变热并开始磨损，它们会向空气中释放出微小的金属颗粒。这与鼓式制动器形成对比，在鼓式制动器中，大部分磨损颗粒都被密封起来了[31]。

毒理学家，包括我的同事弗兰克・凯利(Frank Kelly)和伊恩・穆德韦(Ian Mudway)告诉我们，轮胎、道路和刹车磨损产生的颗粒远非无害[32]。被吸入体内的颗粒会在我们肺部引起化学反应，破坏身体的自然防御能力，导致免疫力低下，从而引起肺炎和其他问题。目前没有出台控制此类颗粒的政策。在 30 英里/小时的车速下制动所产生的颗粒数量是 20 英里/小时的两倍左右，因此降低城市限速可能会有所帮助，同时也会减少交通量。

一项研究发现，电动汽车因装有电池而更重，因而刹车①、道路和轮胎磨损所产生的颗粒物数量高于当前市场上同等大小的汽油或柴油车辆[33]。但是，续驶里程是电动车成功被市场接受的关键，因此工程师们将着力减轻汽车的重量(所谓的

---

① 尽管电动汽车通过回馈制动为汽车电池充电，减少了摩擦制动器的使用。

减重设计)，几乎可以肯定，未来电动车的颗粒物排放量将减少。电动汽车会将污染从我们的城市转移到遥远的发电厂。这可能有助于改善街道上的空气污染，但是正如第 6 章所述，发电厂的排放可能造成巨大危害。为了获得显著的减排效果，我们需要无碳电力。

我们还需要减少对道路交通的依赖。世界各国的城市化速度日益加快。对于发展中国家而言，重要的是确保不重蹈高收入国家的覆辙。建设低污染的城市需要围绕步行、骑行和公共交通进行，就像汽车时代到来之前祖辈们建造许多城市的古老核心区一样。一旦围绕个人机动交通需求建设新城市，就很难遏制交通的增长。例如，美国城市外围的郊区，这些地区依赖汽车出行，不断扩张。在这些地区，低密度的住房使得公共交通人流量不足，难以为继，而且商店和学校距离大部分家庭路途遥远，人们无法步行或骑自行车前往。因此，不合理的城市设计可能会使其居民严重依赖车行。有一些城市成功改变了对车行的依赖，包括丹麦和荷兰的许多城市，它们将城市道路和市中心的大量汽车交通转变为步行、骑行和公共交通。

1949—2012 年，英国对道路和道路车辆进行了大规模投资，使行驶距离增加了十倍，这也带来了负面影响。皇家环境污染委员会指出了一系列环境和社会问题，包括空气污染、进市区不得不开车、步行减少和当地商店关门。1995—2013 年，每年的步行总距离下降了 30%，2012 年英格兰和威尔士的自行车骑行距离仅为 1952 年的 20%。重要的是，2013 年，英国有60%的行车路程不足5英里，40%不足2英里[34]。因此，将这些行车需求转换为步行、骑行或公共交通出行的潜力很大[35]。

詹姆斯·贾勒特（James Jarrett）、詹姆斯·伍德科克（James Woodcock）及其他同事在发表于《柳叶刀》的文章中阐述了非机动出行为何能够降低英国国家医疗服务体系的成本[36]。他们认为禁止汽车不太可能，但可以减少汽车的使用量。他们还预测了后者能够带来的利益。如果英国普通公民的每日行驶距离从8.5英里（2011年的数据）降至6英里，英国国内将会发生怎样的变化？区别只是车程减少了2.5英里。他们对此做了评估。他们研究了如果人们依靠走路或骑自行车，而非开车完成这2.5英里路程的通行，可能对健康产生的好处。走完这段路需要45分钟，而骑行则大概需要15分钟。这种适度的变化将在20年内为国家医疗服务体系节省170亿英镑，此后随着人口的老龄化，节省的成本则更高。鉴于慢性病影响着许多人的健康，这一改变将极大地改善人们的生活质量。

非机动出行的好处还可以在巴塞罗那的自行车租赁计划中得到体现。该计划始于2007年，到2009年时，每天有将近4万次“共享”自行车出行。我们知道骑自行车的人在踩踏板时会用力呼吸，与坐在车里相比，吸入的污染空气剂量更高，而且发生事故的风险更大。那么，“共享”计划弊大于利吗？幸运的是，巴塞罗那是全球卫生研究中心的所在地，该中心现在坐落于巴塞罗那海滨的一栋现代建筑中，享有全球研究机构最美办公室的美誉。奥黛丽·德·纳泽尔（Audrey de

Nazelle)、马克·纽文维森(Mark Nieuwenhuijsen)及其他团队成员评估了该计划的利弊[37]。答案很明确。对于骑行的人来说,锻炼带来的健康益处是其负面影响的77倍,事故和空气污染的额外风险可以忽略不计。受益的不仅仅是骑车的人,道路噪声、空气污染和温室气体排放的改善使所有城市居民都能受益。

其他研究试图测算从驾驶转变为骑行产生的经济价值。如果一位欧洲普通市民将汽车留在家中,骑自行车3英里去上班(约20分钟),那么社会每年可减少1 300欧元的医疗费用支出。其收益远远大于骑行的负面影响,即吸入更多污染物、交通事故风险更高(每年20欧元)。其他城市居民则每年可因空气污染减缓而获得30欧元等值的收益[38]。改骑自行车上班或休闲的优缺点因居住地而异,影响因素包括空气污染和自行车基础设施,但对于全球98%的城市而言,运动带来的好处要大于空气污染的危害[39]。

从理论上讲,这一设想十分完美,但要真正落实,还存在难度。伦敦的自行车租赁计划始于2010年,并已被证明是非常成功的。自行车停放点遍布伦敦市中心,它们与环法自行车赛的碳纤维自行车相去甚远,但非常实用,配有照明灯和方便的行李架。只需支付2英镑,就可以使用一整天。伦敦人深爱自行车,并且由于计划开始时,鲍里斯·约翰逊(Boris Johnson)正好是市长,便将其称之为"鲍里斯自行车"①。实际

① 鲍里斯在担任国会议员的首个任期期间经常骑自行车通勤。我骑车经过议会大厦附近时常常可以看到他骑着车。

上，该计划最早是约翰逊的前任肯·利文斯通（Ken Livingstone）所构想的。因此，有人认为应称其为“肯自行车”，也有人指出在萨迪克·汗（Sadiq Khan）担任市长期间，应将其重命名为“萨迪克自行车”。而赞助商巴克莱和桑坦德似乎被遗忘了。

2011年4月至2012年3月，研究者对租赁自行车用户进行了健康影响评估。在此期间，有578 607人进行了超过700万次骑行，骑行时间达到200万小时以上。从开车转变为骑行的用户只占6%。对于大多数人而言，租车骑行的路线原本是乘坐公共交通、步行或骑自己的自行车完成的。既然步行已经是一种非机动的出行方式，而搭乘公共交通工具经常要步行，那么骑共享自行车的好处可能不如巴塞罗那研究中心所评估的那么明显。德·纳泽尔和纽文维森的研究假设是，90%的共享自行车行程原本是依靠驾驶车辆完成的，而伦敦的这一比例仅为6%。但是，骑自行车使运动量增加，这意味着伦敦的租赁自行车计划仍有益于公共健康①，而且减少了公共交通的拥挤情况[40]。

那么，骑行和日常锻炼真的对我们十分有益吗？2006—2009年，作为英国生物样本库（UK-Biobank）研究项目的一部分，研究人员从国家医疗服务系统里挑选了近50万名年龄在40～70岁之间的人士进行了采访[41]。他们将26万名符合条

---

① 事故和死亡人数远低于预期，尽管设计烦琐，偶尔使用者人数众多，但死亡人数却远低于伦敦骑行者的平均死亡人数。

件的研究对象按通勤方式分组。1.6万名部分依靠骑行的人最健康,心脏病和癌症的发生率更低。而且与主要依靠驾驶车辆或乘坐公共交通出行的人相比,他们的寿命更长。1.4万名步行者罹患心脏病的风险低于驾车者,从而再次证明了非机动出行的好处。

不幸的是,任何有关减少驾车出行的建议似乎都会遭到反对。2000年爆发的燃料抗议影响了英国关于未来道路交通的辩论。抗议最早始于北威尔士,当地的一群农民和运输工人封锁了附近的斯坦洛(Stanlow)炼油厂,对道路燃料的高昂价格提出抗议。随后,英国各地接二连三爆发抗议,使该国陷入停滞状态。抗议蔓延到其他分销中心,导致恐慌性购买。短短四天,英国90%的加油站已经没有一滴油,马路上没有车辆,空空荡荡。现在回想一下,当时我家四周变得安安静静,没有了往常的马路噪声。我在街上遇到了很多邻居,我们一起步行到商店,边走边聊,可见摆脱对汽车的依赖后,社交收益立即显现。随着面包和牛奶开始出现短缺,政府启动了紧急能源供应,但抗议活动来得快,去得也快,抗议组织者宣称他们已经表明了自己的立场①。他们确实表明了自己的立场,而且这一立场在近20年后仍有回响。关于未来道路交通的理性讨论已经成为英国国家政治的一个禁忌。

就连2014年提出的有关限制高速公路部分路段时速,以

① 有关抗议活动的简要介绍请参见 http://news.bbc.co.uk/1/hi/uk/924574.stm。

减少附近学校和社区的空气污染的提议，也引起了驾车者的愤怒，他们认为这是一场更广泛的限速行动的开端，也侵犯了人们的既定驾车权利。忧心忡忡的部长们坚决否定了这一说法，宣称不会出现任何全面降低限速的尝试，并同时放弃了该计划，这等于宣称驾驶者有权排放污染物，侵害儿童的健康空气权。皇家汽车俱乐部表示，“M1 和 M3 路段每小时最高时速 60 英里的规定将成为一根导火索”，而汽车协会则表示，放弃该提案是“合情合理的结果”[42]。甚至连成功的举措也受到了攻击。停车限制、改善公交专用道和汽车共享计划等政策使英国城市布莱顿-霍夫（Brighton and Hove）的汽车保有量在 10 年内下降了 6%，而全国范围内这一数字增长了 9%。汽车协会称这是“耻辱”，让最贫困的人口受到了冲击，使他们不能“自由地购物、寻找工作或离开城市”[43]。实际上，较贫穷的人群通常生活在污染最严重的道路附近，因而是交通量减少举措的最大受益者。

尽管汽车协会言辞激烈，但出行方式已经悄无声息地发生了改变。在许多英国城市，汽车交通量有所减少。伦敦的汽车使用高峰期是 1992 年。涌入伯明翰的高峰时段交通流量在 20 世纪 90 年代中期达到最高点，而在曼彻斯特，最高值出现在 2006 年[44]。这不仅仅是英国才有的现象。在发达国家，交通量增长与人口及经济增长之间的脱钩现象十分普遍。观察人士创造了“汽车巅峰”一词来描述汽车使用量已经达到峰值并且开始下降的现象。对于这种现象，存在许多解释。有人认为，道路的交通流量已经达到饱和。还有人提出了其他一些原因：居住在城市里的人口增多，棕地（brownfield）新建住房，步行设施更完善，自行车和公共交通，油费高昂及远程办公的出现，等等。始于 2008 年的经济危机可能是另一个制约交通增长的因素，但"汽车巅峰"的出现早于经济危机。

汽车使用量的变化因地区而异。下降主要发生在城市和市中心，而不是郊区和农村。"汽车巅峰"现象的出现在很大程度上是由于年轻人推迟或回避汽车出行。与前几代人相比，他们对购车的重视程度降低了，但这种现象会持续吗？制造"汽车巅峰"现象的核心人群——年轻人究竟会变成"无车族"，还是"推迟买车族"，即等到自己成家立业了再买车？尽管 2016 年英国的总交通量出现了增长[45]，但有迹象表明，这种心态的改变将是长期性的，三十几岁的受调查人群中没有购车意愿的人数增加了[46]。最终结果如何，我们将拭目以待。

不过，这完全改变了关于汽车使用量的辩论。如今，减少汽车交通不再被视为反汽车和限制个人移动的行为，而是一种顺其自然的结果。我们可以重点关注那些希望避免使用汽车和希望改变出行方式的人群，从而使非机动出行的生活方式常规化，而不必与那些沉迷于以汽车为中心的生活方式、抵制变革的人群抗争。

当然，个人移动性的增加能够带来巨大的好处，包括贸易、经济增长、就业、旅游、教育和文化交流。但是，移动性与道路交通流量是两个概念，我们必须谨慎地加以区分。城镇街道和城际道路永远不会没有车辆，而且也不应该没有车辆。若没有道路交通，我年迈的父母将难以独立生活。但是很明显，我们许多人同时也被毫无乐趣的移动模式所捆绑。每天不得不开车去上班、去商店和地方服务机构，或送孩子上学，这并不能丰富我们的生活。日常驾驶疲乏劳顿，与汽车营销广告中宣传的美妙享受相去甚远。这些旅程是我们需要从现有城镇和生活规划中去除的。

减少驾车出行能够直接、显著地改善公众健康水平，在空气污染治理领域，几乎找不到一种能够与其相提并论的措施。减少汽车使用和增加非机动出行不只能够改变道路的使用方式。通过鼓励和扩大（而非试图创造）新兴出行趋势，我们有机会改变城市的主流交通模式，创造不依赖机动出行的宜居空间。这与我们道路建设中的自我应验式“预测并提供”方法形成鲜明对比，该方法首先作出交通量增长的预测，然后建造道路，引起交通量的增长。

伦敦市长作出了新的城市街道设想。在新的设想中，街道经过重新设计，成为富有吸引力的公共场所，而不仅仅是汽车和卡车的通行路线。我们的道路、广场和交叉路口将被重新打造成社区的中心场所：人们愿意在此散步、骑自行车，或只是坐在树下的长椅上与朋友交谈，商业也能实现蓬勃发展。这并不意味着要排挤车辆，其目的是通过重新设计人行道和降低限速来减少交通噪声和空气污染[47]。

对于发展中国家而言，创建宜居城市无疑是城市建设的首选方案。这将给许多城市带来巨大挑战，尤其是卡拉奇、开普敦、内罗毕和里约热内卢等城市，因为当地仍有数百万人口居住在贫民窟中。但是，我们别无选择。

第 13 章

清洁空气

在 60 年的空气污染管理历程中,我们学到了什么?哪些解决方案有效,哪些无效?在这 60 年中,我们的确已经取得了一些巨大的进步:伦敦已经摆脱煤炭引起的冬季烟雾和长年雾霾的折磨,加利福尼亚也没有再度出现 20 世纪五六十年代的有毒烟雾污染。但是,在发达国家,交通污染导致了新的问题。中国、印度和东亚的一些城市都在忙着应对前所未遇的空气污染。

只要清洁空气、过滤或清除空气中的污染物就行了,但这说起来容易。已经有人提出了许多这样的做法。清洁空气有些类似于尝试从咖啡中取出牛奶:牛奶一旦倒入咖啡,就混在咖啡里面了。清洁空气面临的最大难题是大气的容量。我们生活在空气海洋的底部,虽然污染物主要被排放到地面附近,但它们会散播到距地面 1.5 英里的大气中。因此,需要清理的空气体积很大。空气还会流通。我们今天呼吸的空气与昨天呼吸的不同。有太多的问题需要考虑。

有许多提案并未向这些现实妥协，提出要清洁特定地区、繁忙商业街道和小学附近的空气。植物被用于解决许多城市问题，如帮助各地减缓和适应气候变化，减少接触空气污染和噪声，还被用于美化环境。1661 年，约翰・伊夫林就倡导在伦敦周围种植灌木和香薰花卉以改善空气[1]。值得一提的是，18 世纪和 19 世纪，伦敦和巴黎市中心的街道与公园里到处都是伦敦梧桐树①（英桐或二球悬铃木），纽约公园管理局还将伦敦梧桐的叶子作为机构的标志。伦敦梧桐的树皮会脱落，叶片光滑发亮，能够防止空气污染物和烟灰的堆积，因而适合在受污染的城市中种植。尽管散发着勃勃生机，但是它们真的有助于改善城市空气吗？

2015 年，纽约宣布在短短 8 年内种植了 100 万棵新树，墨尔本计划到 2040 年实现树木覆盖率翻一番，达到 40%。树木的叶片面积非常大，总表面积要比其所覆盖的路面面积大好几倍。因此，在城市中种植树木可以增加空气污染物的沉积表面积，但需要种植大量树木才能起作用。通常，城市植被最高可使空气污染减少 5%[2]。科学家们试图测算最雄心勃勃的环境美化计划能够带来的变化，即在所有室外绿地（所有公园和运动场，以及各家各户的花园）种植成熟树木。显然，在城市中种植这么多树是不现实的，即便真的做到了，也只能使颗粒物浓度降低 7%～10%[3]。测试表明，紧挨着绿化带的地

---

① 请参阅罗宾・赫尔（Robin Hull）关于伦敦梧桐树的简短介绍：http://www.treetree.co.uk/treetree_downloads/The_London_Plane.pdf。

方污染浓度降低了，但是，没有证据显示架设在繁忙道路与儿童游乐场或学校之间的绿化带能够产生任何切实的影响。

而且，如果我们不当心，植树反而会使空气污染恶化。树木可以使城市街道免受风的侵袭，减少交通尾气的扩散，并提高行人和驾驶员的注意力。但是，树木也会产生挥发性有机化合物。松树和桉树可能会散发令人愉悦的独特气味，但它们排出的化学物质会造成臭氧和颗粒物污染。其他树木和植物也会产生污染。柏林的一项研究表明，此类树木和植物可能会使该市的臭氧含量增加 5%～10%。这种额外的污染在高温和干旱期间最为严重，因为树木会产生更多诱发臭氧生成的化学物质[4]。是的，出于多种原因，我们应该增加城市的绿色空间，创造宜人的户外环境，吸引人们野餐、娱乐、散步和骑自行车，但是，如果我们想依靠树木和植物来清洁城市空气，那就是自欺欺人。

目前，吸尘塔是一种最引人注目的清洁空气尝试。吸尘塔高度各异，荷兰鹿特丹有一个 7 米高的吸尘塔，中国西安有一个 100 米高的。在西安的吸尘塔内，空气被吸入基座周围的温室中，由阳光照射升温后通过过滤器逐级上升。设计师声称它在超过 185 平方英里的范围内有效，但这从物理学的角度来说是站不住脚的。据称，这座塔每天清洁 1 000 万立方米的空气，这一数字听起来巨大，但它占一座中等城市空气总量的比例不足 0.01%[5]。

也许最常用的城市空气清洁技术是光催化油漆和涂料。在实验室中，它们可以在人造太阳光的照射下去除氮氧化物及其他一些污染气体。由于欧洲城市正在煞费苦心地减少柴油机废气中的二氧化氮，因此在墙壁和物体表面上简单地刷一层光催化涂料来解决问题似乎很有吸引力。既不需要花费高昂的资金升级数百万辆汽车，也不需要决心解决交通问题的政治勇气。涂漆墙壁和带涂层的铺路板已经被试点使用，取得了不同程度的成功。但是，无论涂层中的化学试剂效果多好，使用墙面或路面来清洁空气从物理学上来说是站不住脚的——城市中存在大量受污染的空气，它们与地面或其他表面接触的时间很短。如果将光催化涂料应用于伦敦的所有路面或其他表面，会产生什么效应呢？英国政府空气质量专家组使用模型对此进行了测算[6]。即使撇开冬季太阳照射角度低而产生的局部无光照问题，二氧化氮的变化率也不会超过1%，并且涂料的副产品容易掉落，我们还要担心其所造成的环境影响。地面和墙面等表面也需要定期重新粉刷。努力清洁已经被污染的室外空气无法帮助我们解决问题。

避免空气污染会有所帮助。沿着安静的道路行走或从公园中穿行，就可以使你接触的交通污染物减少一半以上。但是，大部分现代空气污染物是不可见的，因此很难确定应该选择哪条路线。我们可以用鼻子闻，但是，到底是选择繁忙但宽阔的道路，还是选择高楼林立的拥挤、狭窄的街道呢？巴黎、温哥华和伦敦已经可以使用高分辨率的手机地图，但是当整个城市或地区都被颗粒物或臭氧所包围时，避开污染源是不可能的。待在室内可以减少室外空气污染的接触，最好是在带有空气过滤系统的现代建筑中居住或工作。但这不一定适用于汽车驾驶员。驾驶员的污染接触水平取决于前方车辆排放的尾气,其吸入的污染物通常比行人所吸入的更危险。如果认为躲在车里就能安然无恙,那就是自欺欺人,而且在车里待的时间越长,污染问题就越严重。

许多城市已经开始使用空气指数向居民发布空气质量信息。该指数能够告诉居民空气质量的好坏程度。正是这些数据将北京的空气污染问题迅速推向了世界各地的报纸头版。大多数指标还提供健康建议,通常包括提醒老年人或儿童等易感人群避免在重度污染的天气进行户外运动。空气污染水平在一天中也会发生变化,因此,调整跑步或散步的时间,或将学校夏季运动时间从下午调整为上午,都可以减少污染的接触。但是,会有大量居民留意这些指数并按其建议行动吗?目前几乎没有这方面的证据[7]。这是可以理解的。为什么仅要求受影响最严重的群体改变自己的行为?为什么还要让已经受到空气污染影响的人群作出更多妥协呢?这不合情理。需要改变行为的理应是污染者,而非受害者。

如果我们每个人都能测量空气中的污染物,也许我们就会认清污染问题,但是可靠的空气污染测量一直是一个高度技术化和科学化的过程。因此,小型传感器的运用前景使大家兴奋不已,它可以使我们每个人都能测量吸入的无形空气污染物。这意味着我们可以避开受污染的地方,改变导致环境污染的行为,并要求城市管理者提供解决方案。现在,我们可以在网上以不到100美元的价格购买此类传感器。只需访问互联网站点并付款,传感器便会送到你的手中。人们在自己的房屋和花园中测量的结果开始在互联网上发布。

此类传感器并非新的科学发明，而是将先进的计算机运算能力与20世纪后期发明的技术相结合后的产物。可惜的是，它们的测量结果比我们预想的要差。传感器的许多技术在用于工厂和实验室的报警系统时十分有效，但是当用于解决测量室外空气污染这一难题时，就会出现问题。当被设计用于测量单一污染物的传感器遇到室外空气中所含的其他污染物以及痕量污染物时，它们通常会表现不佳。当遇到湿度和温度快速变化这一常见现象时，或当测量者从室内走到室外时，它们也会出错，而且误差可能很大。艾利·刘易斯（Ally Lewis）、皮特·爱德华兹（Pete Edwards）及其约克大学的团队率先开展了一些传感器独立测试[8]。他们购买了一些传感器，将它们放置在实验室和实验室大楼的屋顶，传感器的放置点是用步数丈量后确定的，大楼靠近校区边界。所有传感器都是相同的，并直接从包装盒中取出后使用，与我们拆快递的常见操作一致。一些传感器测得的臭氧量是其他传感器测得数字的6倍以上。随着湿度的变化，一些传感器测得的浓度会增加一倍（或减半），某些一氧化碳传感器的读数在一个月内会浮动约30%。他们还发现，交通产生的二氧化碳会干扰传感器，使其无法测出二氧化氮的数值。这一发现令人担忧，并且还存在误导用户的风险，即传感器发出的错误信息可能会使人们过度紧张或放松。传感器使用量的增多会帮助人们更清晰地认识空气污染问题，还是会让他们被不准确的数据所误导？目前没有明确的答案。

在展示东亚各国城市污染场景的照片中，常常会出现戴口罩的人。在北京街头开展的一些试验表明，口罩可以帮助心脏病患者减轻症状，但是口罩是否有效，关键取决于其是否贴合人的脸部。即使由于发茬、面部皱纹或胡子而出现微小缝隙，也可能使口罩失效。另外，戴着口罩时呼吸更用力，可能会让身体欠佳的居民的心脏和肺部承受更大压力，这些负面影响很少有人研究。几乎没有研究能够告诉人们如何平衡这些负面影响与正面影响，而且，当我们告诉人们避免户外活动时，还需要权衡户外运动带来的益处[9]。

因此，如果我们既不能清洁被污染的空气，又不能轻易避免接触污染，那么我们就必须首先停止污染空气的行为。工业界通常反对出台新的法规和标准，因此一种解决方案是在全球范围内强制执行最低环境标准。例如，适用于整个欧盟的污染控制指令。尽管经常被贴上拖沓冗长的标签，但这些共同法规意味着企业无法再通过跨国转移获得竞争优势，让国家或整个社会承担其污染的后果。

与应对全球超过13亿辆汽车所排放的空气污染物的挑战相比①，减少工业空气污染的难度较低，不过好在车辆至少是经过注册的，制造时必须满足最低标准，并且每十年左右更新换代一次。正如第11章所述，控制全球数十亿家庭的烹饪和取暖产生的空气污染才真的是难上加难。

---

① 2015年数据。有关各国的统计信息请访问 http://www.oica.net/category/vehicles-in-use/。

一种快速的解决方案是提高所用燃料的质量。本书前面已经讨论了一些案例，包括英国使用无烟燃料和天然气，以解决城市煤烟问题；欧洲去除了道路燃料中的硫，从而大大减少了城市空气中的颗粒物数量[10]。当然，还包括去除汽油中的铅添加剂。无烟燃料运用最成功的城市也许不是伦敦，而是都柏林。1982 年，都柏林圣詹姆斯医院（St. James's Hospital）的卢克·克兰西（Luke Clancy）医生正在调查一起严重的健康危害事件的起因[11]。与往年相比，该年 1 月份的住院病人死亡人数增加了 54 人。克兰西必须尽快找出原因。尽管开展了广泛的调查，但未发现致病细菌或病毒。克兰西感到迷惑不解。有一天他望着窗外，发现整座城市的房屋烟囱都在冒烟，突然想到，也许问题不出在医院内而是在医院外。

20 世纪 70 年代，由于油价上涨和政府拨款的刺激，都柏林的燃煤量大量增加。克兰西联系市议会，请求获取空气污染数据。与 1952 年的伦敦烟雾事件一样，当时的烟雾和二氧化硫排放达到历史峰值，死亡人数增加。很难确定有多少死亡事件与燃煤直接相关，但是很明显燃煤造成了严重的后果，需要迅速采取行动。市议会没有照搬英国的做法，即宣布煤烟管制区域，改善家庭火炉和壁炉，而是出台了禁止出售、营销和配送烟煤的法令。人们只好燃烧无烟煤或其他燃料。此举取得了立竿见影的惊人效果[12]。冬季的黑烟比禁令颁布前减少了 70%，呼吸系统疾病导致的死亡率下降了 16%，心血管疾病的死亡率下降了 10%，每年的死亡人数减少了 360 人。城市供应天然气之后，许多人彻底放弃使用固体燃料，转而使用天然气取暖。在都柏林进行试点之后，烟煤禁令被推广至爱尔兰另外 11 个城市，黑烟排放量因此减少了 45％～76％。

与“六城研究”一样，后来的科学家又对原始数据重新进行了全面分析[13]。他们没有分析禁令前后的健康数据，而是将实施了烟煤禁令的城镇与未实施禁令的城镇加以对比。新的分析涵盖了后续年份（7 年）的数据，增加了新的对照城市，得出了与克兰西的原始结论不同的结果。心脏病死亡人数各地均出现下降，而不仅仅出现在禁令地区。这很可能是由于爱尔兰自 20 世纪 90 年代开始步入经济高速发展期，经济、社会和保健条件得到改善所致。但是，都柏林、科克和其他四个城市的呼吸性疾病死亡率下降与禁令明显有关。一项空气污染治理政策出台后，要测量城市空气在短期内发生的显著变化，以及居民健康水平出现的改善，并非易事，都柏林的案例是全球极少数典型案例之一。

最后，在我们的污染源中，最经常被忽视的是农业，更宽泛地说，是我们管理土地的方式。很多人认为乡村污染较轻，向往在连绵起伏的绿色山丘中寻求身心休憩，但农业是空气颗粒污染的一个重要来源（见第 6 章）。作物施肥释放大量的氨，施用上一年储备的粪肥和夏季户外放牧都是导致欧洲春季颗粒物污染的主要因素。这也正在成为困扰发展中国家的一个主要问题，东亚地区尤为明显。该地区新的行业污染控制不善，农业排放氨，肉类产量增加又导致氨的排放增加。在美国，控制农业所排放的氨是目前减少区域颗粒物污染的一种最具成本效益的方法。农业氨排放减少 50％可以使全球每年的颗粒污染死亡人数下降25万，北美、欧洲和东亚的死亡人数可分别下降1.6万、5.2万和10.5万[14]。

我们不能停止耕种。我们需要食物，但是简单的措施将大有裨益，例如覆盖泥浆堆，改善牲畜棚舍，将肥料注入土壤内而不是喷洒于空气中。农业对空气的污染是显而易见的，但农民对此却知之甚少。几十年来一直致力于制定交通运输和工业空气污染控制措施的政府对此也不甚了解。因此，2020—2030年，欧盟仅计划将氨的排放量减少6%。与此形成鲜明对比的是，硫的减排量目标为60%，颗粒物减排目标则接近50%[15]。

氨并不是农耕产生的唯一空气污染物。在世界上许多地方，农民在播种新作物之前都会放火烧田，以清除残茬、杂草和废物。虽然焚烧可能是农民清理田地的快速方法，但这种方法非常不可持续。它会产生大量的颗粒物污染，并有可能导致土壤肥力下降，使农民更加依赖昂贵的人工肥料。农业燃烧是2016年和2017年席卷德里及其周边地区的重度烟雾的主要来源。按照惯例，农民会在每年9月下旬和10月焚烧水稻残茬。2009年，一项旨在改善土壤条件的新法律推迟了水稻的种植，从而将废物燃烧转移到了季风季节，污染物被风带到了德里[16]。

我们经常在新闻报道中读到有关野火和森林大火蔓延的消息。这些大火的发生地靠近发达国家（主要是北美和澳大利亚）的居民区。悉尼的400万人口已经习惯了位于该市西部的蓝山（Blue Mountains）定期发生的火灾所散发的烟雾。

这导致因呼吸困难而入院治疗的居民增多，对患有哮喘等疾病的居民的影响尤为严重[17]。欧洲也有山火的问题。2003 年热浪来袭时，西班牙和葡萄牙的大火加剧了整个欧洲的空气污染问题，并导致了 2017 年的“红日”事件（“red sun” events）：受高层大气中的浓烟影响，太阳看起来是红色的，并且英格兰中部和南部所有地区都被笼罩在浓密的棕色云层之下[18]。白天，路灯自动打开，汽车需要开启前灯，室内需要照明。社交媒体和新闻记者将这种情景比作《银翼杀手》中的场景，这也证明了野火造成的空气污染波及的范围很广。

这不是唯一的例子。2002 年和 2006 年，俄罗斯的农业和森林大火导致整个欧洲（包括最西边的英国）的空气污染加剧[19]。据估计，此类大火在全球造成的空气污染平均每年导致约 33 万例早逝病例[20]。这些大火中约有一半发生在撒哈拉以南非洲，三分之一发生在东南亚，其中印尼的泥炭地大火是最主要的火源。我们几乎从未在新闻中看到过这类报道。我们不能错误地认为此类火灾是自然现象。尽管非洲大草原上的一些草原大火是自然周期的一部分，但全球其他地方的野火通常不属于自然现象。它们通常发生在受管理的景观中，并与农业或农作物的土地清理相关。马来西亚的泥炭地大火和南美的森林大火很少自然发生，通常都是人为所致。在厄尔尼诺现象最严重的年份，印度尼西亚的大火可能会导致全球早逝总人数超过 50 万人。南美洲的土地清理和火灾造成的颗粒污染平均每年额外导致约 1 万人早逝。

因此，要成功应对空气污染，必须主要依靠改进燃料或从源头控制污染的技术，而不是依赖清洁污染空气的大肆举措。需求是一切创新的源泉，每周我都会收到创新人士发来的电子邮件，陈述通过清洁城市空气来获利的新想法。例如，铺设管道网，吸收污染地区的空气；在长凳和墙壁上布置绿色植物的巧妙办法，并陈述此举每年可以吸收的污染物数量相当惊人，就连十分小型的绿化带也能发挥不小的作用，但提议者却不知道这么做违背了物理定理。其中一些解决方案的创意和醒目设计值得赞扬，远胜于隐藏在公交车发动机舱内的铁皮废气清洁盒。试图清洁空气的计划有可能会占用用于从源头控制污染的资源。但是，它们在政治上可能富有吸引力。例如，被绿色植物覆盖的墙壁显然可以证明政府已经投资于污染控制，但借用伦敦“清洁空气运动”领导者西蒙·伯克特(Simon Birkett)的话来说，着眼于影响不大的小型解决方案，有可能是瞎忙活一场。

我们还必须牢记，空气污染不仅仅是由于交通或固体燃料燃烧所致，还有许多其他来源，如农业，这些来源的污染也同样需要解决。要应对空气污染，可能还要克服一些最棘手的问题，因为很显然，农耕如燃木一样，人们理所当然地认为它只不过是管理自然资源的一种方式，几乎无人知晓其所造成的空气污染与交通尾气污染一样严重。

第四部分

反击：未来的空气

第 14 章

结论：如何制造干净的空气？

我们正站在新一轮巨大变革的风口浪尖。全球基础设施预计将在未来 15 年内翻一番，城镇居民将在未来 40 年内增长一倍[1]。新增的 20 亿城市居民需要住所以及畅行城市的新服务和途径[2]。全球 GDP 超过 80%由城市贡献，若管理得当，城市化可以促进可持续增长。与此同时，我们必须减轻空气污染的健康负担。没有哪个国家不存在污染，满足世界卫生组织标准的城市极少。站在 21 世纪的开端，我们如今所作出的决定将决定子孙后代未来每一天的生活。

若伦敦的自来水每年导致 9 400 人死亡，人们肯定会提出强烈抗议。跨国公司将重新选址、游客将消失。英国将声名扫地，伦敦将退出全球领导城市的行列。公用设施公司董事会办公室内，高层管理者不停摇头，如果情况年复一年得不到改善，部长们将失去工作。那么，为什么在造成同等后果的前提下，我们对待空气污染的态度竟如此不同呢？伦敦每年因空气污染而导致早逝的最高估计人数为 9 400 人[3]，这已经属于公共卫生危机的范畴。空气污染有害健康的科学证据不胜枚举，但科学家们不是政策制定者。因此，政治领导人有义务确定需要采取的行动并平衡目标和需求。

尽管空气污染危害巨大，但其很少在我们的政治辩论中被提及。减少空气污染的危害并为我们的孩子创造一个健康的环境不是竞选的常规论题，很少出现在政治家描绘的未来图景中。

威利・勃兰特(Willy Brandt)是一个例外，他于 1961 年 4 月参加德国总理竞选。当时，他是西柏林市长，竞选进程十分艰难，基督教民主党利用勃兰特的私生子和战时移民身份来反对他①。在波恩贝多芬音乐厅的竞选演说中，他大胆地提出了新的环境愿景，要求“鲁尔区再现蔚蓝的天空”。

净化鲁尔重工业区的空气被认为是不可能的。在该地区，每年有超过 30 万吨的烟尘掉落地面。其在雾霾期间的空气颗粒污染比 21 世纪初北京的任何一场雾霾都更严重[4]，而且被污染的空气对人和环境产生了明显影响。每次雾霾事件后，死亡率均出现上升，儿童受到支气管炎、佝偻病和结膜炎的折磨。他们的体重也往往比德国其他地区的孩子轻。该地区饲养的牛的体重也下降了。

鲁尔空气污染的原因是，当地有 82 座高炉、56 座转炉和

---

① 勃兰特在此次竞选中失利，但在 1969 年成为总理。他的讣告可查阅 http://www.independent.co.uk/news/people/obituary-willy-brandt-1556598.html。

93 座发电厂，它们都在几乎不采取任何污染控制措施的情况下运转。工人不得不定期清除工厂屋顶上积起的厚厚的灰尘，更为雪上加霜的是，家庭燃煤又加剧了污染。2015 年，学者安娜·丽莎·阿勒斯(Anna Lisa Ahlers)描述了父亲对鲁尔童年生活的回忆：

> 每次在外面玩耍后，回到家总是满身灰尘。我和同班同学们在整个童年时期都患有慢性支气管炎。
>
> 衣物的晾晒是件十分头疼的事情——如果晾在室外，每次都会沾上灰色甚至黑色的烟灰[5]。

空气污染被视为工业化的必然结果，并且似乎无法改变。因此，威利·勃兰特的“蓝天”愿景因其理想主义色彩而遭到嘲笑。但是，他的讲话引起了共鸣。勃兰特将先前被忽视的区域性议题推向了主流辩论，让人们开始关注到自己为德国的经济奇迹所付出的健康代价。在随后几年中，国家监管机构对工业既得利益进行了干涉，并赢得了胜利。新的法律(重要的是，新的态度)占据了主流位置，如今，勃兰特被誉为德国环保运动的鼻祖[6]。

由于将空气作为废物处理的途径，鲁尔的大规模工业发展让人们付出了沉重的健康代价。此类故事一直是贯穿城市空气污染历史的一条主线，从中世纪伦敦的煤炭燃烧开始，到工业革命和城市发展，一直到最近的机动化交通的增长，无一例外。中国工业力量的兴起以及随之而来的空气污染问题，又是这一熟悉故事的一次重演。要管理空气污染对健康和环境的影响,就需要我们打破这一循环。

随着特朗普政府提出“美国优先”战略,欧洲受身份认同困扰,全球未来几十年的发展似乎将不可避免地受到中国的影响,特别是“一带一路”倡议的影响。该倡议将成为人类历史上一项规模宏大的基础设施和发展计划,将建成陆路和海上路线以及能源基础设施。“一带一路”以中国为起点,向西延伸,跨越亚洲并到达南欧和东非,将承载全球四分之一的货物运输量[7]。这将为绿色投资和低污染发展提供绝佳机会,但能否成功,仍然取决于政治优先事项。中国国内正在发生改变。无论从北京人民的健康,还是中国的国际形象而言,北京的雾霾一度达到了令人无法容忍的地步,为此政府针对家庭供暖和工业采取了行动。根据世界卫生组织的数据,其所追踪的 62 个中国城市的空气污染水平在 2013—2016 年期间平均下降 30%。如果这些变化持续下去并通过“一带一路”倡议向西传播,数十亿人的生活质量和空气污染接触水平将发生实质性变化。

清洁空气的未来行动需要国家和地方政府等各级部门发挥领导作用并设定愿景。萨迪克·汗于 2016 年就任伦敦市长后,将减少空气污染作为重中之重,并将其作为首次政策演讲的主题,从而为城市政府设定了新的方向。在大奥蒙德街儿童医院(Great Ormond Street Children's Hospital)发表讲话时,他将当前的挑战与 60 年前促成《清洁空气法》的事件进行了比较:

> 英国政府当时做了一件了不起的事情，作出了与危机等级相符的回应。今天，伦敦遇到了另一场公共卫生紧急事件，现在该轮到我们为伦敦人和子孙后代谋福利了……①与 20 世纪 50 年代一样，伦敦现在的空气污染同样在“杀”人。但是与过去的黑烟污染不同，今天的污染是隐形杀手[8]。

两年后，电动出租车和公共汽车开始在伦敦的街道上穿行，世界上第一个低排放区出现，城市交通低排放区开始实施更严格的措施，市政府还着手制定各项计划，以确保城市新的重大发展有助于减少空气污染。

在大奥蒙德街儿童医院的演讲中，萨迪克·汗强调了城市内部空气污染管理的重要性。市长和城市管理者们需要考虑居民的健康状况，但内部空气污染管理的重要性远不止于此。工厂排出的污染空气不会只停留在工厂内部。中国的大城市北京和天津，以及巴基斯坦的卡拉奇对邻近城市居民造成的危害大于城市内部居民。对于其他一些更为典型的大城市而言，其下风处地区的颗粒污染物含量仍可能达到城市内部含量的 40%，但是，如果将化学物质在下风处相互反应所产生的污染考虑在内，则其对邻近地区的影响仍将大于城市内

① 我认为“公共卫生紧急事件”一词最早由“伦敦清洁空气运动”领导者西蒙·伯克特提出。

部地区。

改善空气质量也具有经济意义。2011年，美国环境保护署审查了其1990—2020年“清洁空气法”计划。650亿美元的投资产生了2万亿美元的巨大收益。减少污染产生的收益是其成本的32倍。清洁空气成了“美国的优质投资项目”[9]。在欧洲，2010年，能源、工业和交通运输部门的清洁投资减少了大约8万例早逝病例。早逝，尤其是年轻人的早逝是一场悲剧，而且还给经济带来了损失。据估计，空气质量的改善使欧洲每年能够节省与1.4%的GDP等值的费用[10]。

应对空气污染似乎是一项庞大而艰巨的任务。看起来个人的力量似乎不足以产生任何影响，但我们都需要成为抗击空气污染的一员。空气污染是人类的生活方式造成的，因此简单的改变可以带来巨大的不同。

最大的机遇来自改变我们出行的方式。减少城市的交通量不仅仅可以减少空气污染。如第12章所述，在英格兰，40%的汽车行程少于2英里，而60%的少于5英里[11]。对于这些短途出行，如果我们将汽车留在家中，改为步行、骑自行车或乘坐公共交通工具，那么所获得的收益将改变我们的城市。它有助于解决空气污染、交通噪声和温室气体的排放问题，还能消除因不积极的生活方式而增加的疾病负担。我们每个人都可以做出一些改变。当打开车门时，问一问自己是否可以步行。带女儿走路去学校的途中，我们蹦蹦跳跳，细数脚步，这些都是我永恒的珍惜回忆。等长大后，她也会步行去学校、朋友家、俱乐部和商店。

对于许多短途出行而言，步行和骑自行车比开车更节约时间。如果你居住的城市是 100 多年前建造的，那么它就是为步行而设计的。选择去当地商店购物，而不是开车到城外超市，将重新释放市中心的活力，减少社区之间的隔阂。许多人会说做不到，但是有证据显示情况并非如此。丹麦和荷兰的诸多城市已经摆脱了以汽车为主的交通模式，其中心城区变得更有人情味。2016 年，自行车成为伦敦市高峰时段的主要交通工具[12]。如果可以说服一贯保守的银行家和金融家将他们的礼帽换成自行车头盔，那么你所在的城市也可以摆脱对汽车的依赖。我们可以将街道改造成生活和居住的地方，而不是开车的地方。我们需要让无车或少车成为新常态。

有大量证据表明，修建更多道路不会缓解交通拥堵或使出行变得更为便捷。新的道路将被新的车辆塞满。幸运的是，这一说法反过来也成立——减少道路可以减少城市的交通。想象一下，如果你家附近的道路变成了公园而不是供汽车停放的停车场，城市会不会发生改变？答案是肯定的。韩国首尔就是一个十分典型的例子。1973—2003 年，首尔有一条全长 3.5 英里的四车道高架快速路通往市中心[13]。每天，17 万辆汽车在上面往来穿梭，道路经常出现拥堵。在设法解决这一问题时，市政府没有修建更多车道，而是拆除了整条高架道路。质疑此做法的人预测交通将出现混乱，但市中心的交通反而减少了。首尔的居民调整了他们的出行方式，许多人改为乘坐地铁。当时，市政府的愿景之一是恢复道路下方被掩埋的清溪川（Cheonggyecheon River）。如今，之前的高架道路已经变身为一个大型河畔公园，里面种植了 150 万棵树，昆虫、鸟儿和鱼类又回来了。它成为首尔居民放松身心的热门之地，还是著名的旅游胜地，商业欣欣向荣，并可供举办节庆活动和骑自行车。打造低污染城市这一愿景必须同时在发达国家和发展中国家加以落实。

令人遗憾的是，这一愿景并未被置于政府降低空气污染行动的首要位置。到目前为止，我们尚未充分认识到根治污染源头的重要性。当前的交通污染治理行动有了重大创新，但我们在减少机动交通增长方面投入的精力较少，对积极倡导城市新愿景的人士的看法不予理会，而选择与坐在车内思考交通的人士站在一边①。新的道路将导致更多的交通，而新的自行车基础设施、更便捷的步道和更完善的公共交通，也将增加骑行、步行和乘坐公共交通的人数。

同样的，伦敦并没有采用提高家庭供暖和房屋隔热效率的办法来解决烟雾问题。这一办法本来能够在减少空气污染方面发挥至关重要的作用，并且还能够降低冬季高死亡率这一长期困扰英国社会的问题。人们没有设法减少耗电量，而是将发电站搬到了农村，建造了高耸入云的烟囱，并制造了 20 世纪 70 年代臭名昭著的酸雨。这样的例子不胜枚举。

我们需要投身于一个新的战场——我们的家。大量证据表明，居民在家中使用固体燃料（无论是木柴、煤炭还是泥煤）

---

① 感谢曾就职于可持续交通慈善组织（Sustrans）的菲利普·因萨尔（Philip Insall），他解释了挡风玻璃视角如何主导了关于交通的思考。

取暖将对城市空气造成灾难性的影响。即便是住户稀少的小城镇，其也可能成为颗粒物污染的主要来源。我们需要扪心自问：我们在客厅里舒适地烤火，而烟雾却在伤害我们的邻居，你过意得去吗？我们需要认真思考：在 21 世纪的今天，我们拥有更清洁的家庭供暖替代方案——燃气集中供暖、热泵、电力取暖或区域集中供暖，在此前提下，我们是否还应该允许居民在家中燃木取暖？在部分发展中国家，家庭燃料的选择很少，固体燃料的使用每年导致数百万人早逝，年轻人受到十分严重的影响。结束这场悲剧是一项重要的国际发展目标，但这绝非易事。改善烹饪炉灶不仅有助于改善空气质量，还能使孩子和妇女摆脱每天捡拾柴火的烦琐工作，使他们有时间接受教育或养家糊口，但解决这一问题的根本在于促进经济和基础设施的发展，而非仅仅用炉子代替火堆。

在家庭这一新战场，要应对的不仅仅是取暖和烹饪。有资料显示，2018 年，美国国内使用的农药、涂料、印刷油墨、黏合剂、清洁剂和个人护理用品已成为形成臭氧的主要污染物[14]。这一结论同样适用于欧洲及其他地区。制造商会辩称，一旦产品出厂，他们的责任就终结了，这种态度无助于解决任何问题。控制空气污染成功与否，最终可能取决于我们每个人在超市、市场及网上购买时作出的选择。为此，我们需要改善产品标签，为消费者提供更多信息，或对允许使用的化学溶剂加以限制。

尽管投资于减少空气污染能够产生巨额经济效益，但相关政策和战略的出台受制于政治的顾虑。这意味着解决空气污染所需的许多策略永远不会被纳入讨论范畴，更别提纳入城市规划或政府政策了。对于极易受行业意见左右的交通运输来说，这一情况尤为突出。工业界的声音总是高过污染受害者的声音。打破这种局面是我们所有人的职责，我们可以通过自己的行动，通过拥抱低污染的生活方式来实现这一目标。我们每个人都可以从小事做起，例如，与其他父母拼车接送孩子，并带孩子们一起步行；规划跑步路线，选择车辆较少的道路，减少接触污染的机会；如果必须开车去办事，尽量将所有要办的事情一起办了；在本地购物。我们还可以参加辩论，为改变未来献计献策。社区团体、居民协会、环境组织、自行车协会、学校家委会、报纸读者来信栏目和各个政党都可以促成变化。工会正在越来越多地关注户外工人面临的空气污染问题。还可以联系你的政治代表，或者写信给政府，政府会阅读所有居民来信，有时还会回信。各类活动团体在过去取得了巨大的成功。20 世纪 50 年代，《洛杉矶时报》曾领导了一场运动，不断给市政府施压，要求其快速解决有毒烟雾问题。在德国的环保运动的推动下，酸雨导致森林枯死的照片出现在了欧洲各大报纸上。在英国，皇家委员会宣布含铅汽油会危害健康，随后爆发的一场公众运动迫使政府对此作出了前所未有的迅速反应。在城市一级，伦敦清洁空气运动的领导者西蒙・伯克特经过不懈的努力，成功将空气污染问题提上伦敦市长的议事日程，为加强伦敦的低排放区铺平了道路。环境法律组织地球客户（ClientEarth）利用法律武器论证英国政府的空气污染计划并不充分，从而开辟了一条新的战线，而且这并非其第一次取得胜利，自 2011 年起，这已经是第三次了。每一次，政府都被迫改进其空气污染控制计划，以便更快地改善空气，并在更多城市采取更多行动。英国脱欧后，一旦英国政府摆脱了欧盟制裁的威胁，这些计划将会如何变化，还有待观察。

“污染者付费”原则应被列入法律，促使工业对其所造成的污染和其产品所造成的危害负责。企业还需要对办公室供暖和制冷、员工出差和货运产生的空气污染负责。许多企业开始聆听这些意见。不断有零售商和企业主联系我，他们担心空气污染对他们的工人、客户和名誉产生影响，我由此也受到鼓励。据我所知，有不计其数的企业试图通过改变其商品销售方式和员工出行方式来减少空气污染的足迹。

港口和机场被认为是重要的空气污染源，但是很难对跨国航行的船只和飞机进行管理。在欧洲许多海岸附近航行的船舶必须燃烧低硫燃料，但是国际航行产生的空气污染通常被视为不是本国的问题，这意味着没有人承担责任。选择乘坐火车而不是飞机，是减少空气污染足迹的简单方法。本书有几章是笔者在乘坐火车前往英国各地以及西班牙和瑞士的途中完成的。火车为旅途提供了不同的观察视角，通常是城际出行的最快速方式，但是政府对航空业实行税收减免，这意味着数百万人将继续受到噪声和空气污染的困扰。

在清洁空气的斗争中，科学将发挥至关重要的作用。过去，人们在未掌握完整证据的前提下就采取行动，因而犯下了许多错误，本书对此也做了解释。科学家需要解释他们的证据，以便各方更好地认识问题并为制订切实有效的解决方案提供依据。仅仅依靠部长、公务员或政策制定者阅读我们在科学期刊上发表的文章或聆听我们在空气污染会议上发表的演讲是不够的。我们需要在公开会议上发言，与媒体互动，并与政府官员对话。

但是，在解释证据的时候不要被别人误以为你是党派游说者，两者之间有细微的不同。很幸运，与我一同工作的科学家都十分重视科学发现的沟通与交流。为了进行有效的沟通，我们建立了术语表，用清晰明了的术语来解释复杂的证据。在首次核算英国的健康负担时，我们将 2010 年颗粒物污染的影响量化为 2. 95 万早逝病例，从而大大改进了对空气污染后果的解释。不过，我们面对的一个主要问题是科学家靠研究为生。我们从事科学工作是为了提供问题的解答。科学家常常将注意力集中在尚未理解的问题上，而不关注空气污染有损健康的大量证据。

需要发声的不仅仅是空气污染科学家。1962 年，当医生告诉人们停止吸烟时，有关烟草的辩论向前迈出了重要一步[①]。因此，皇家内科医学院 2016 年的空气污染报告是一个重要的里程碑，医生开始强调空气污染对病人的危害，并呼吁政府采取行动妥善解决这一问题。

行业应当遵守法规。含铅汽油教会了我们“未见伤害”和

---

① 此前的数据为：英国政府在 1956—1960 年间花费了 5 000 英镑对公众进行吸烟风险教育；香烟广告的开支为 3 800 万英镑。参见皇家内科医学院的《吸烟与健康》，1962 年。

“没有伤害”之间的重大区别。清洁空气的斗争在每个关键时刻都受到了利用我们共享的大气处理其污染物的既得利益者的阻挠。本书中提到了许多工业界竭尽全力反驳不利真相的例子，这令人失望。最近的案例还包括，部分汽车制造商开发的柴油车辆通过了污染测试，但实际驾驶中的排放量却高得离谱。制造商还欠欧洲公众一个解释。政府需要确保法规能够防止行业投机取巧，并确保减少空气污染能够为企业创造良好的经济价值。我十分期待低空气污染产品早日投放市场。

当采取行动时，政府通常将重点放在单一来源或单一污染物上，而非所有的空气污染源。过去我们认为，伦敦冬季烟雾消失后，英国的空气污染问题就得到了解决，但道路交通和酸雨又制造了新的空气污染。同样的，当我们与交通尾气作斗争时，燃木取暖风尚又在欧洲西北部城市复燃。我们需要更全面地了解我们排放的废气是如何污染空气的。政府官员需要将治理空气污染视为改善公共卫生的机会，而非一系列难以解决的问题。

大气四处流动，这意味着废物会被带到其他与我们无关的地方，但对稀释和无害化处理不予区分是我们的一个认识误区，它们并不一样。另一个错误是忽视累积的影响。一个壁炉的影响很小，但在 1952 年的伦敦，数百万的燃煤炉引发了巨大的烟雾，致使成千上万的人死亡。发电厂、工厂和房屋的排放物共同导致了酸雨，破坏了北欧和北美的森林。在几十亿辆汽车的油箱中加了几克汽油添加剂，导致铅变成了无处不在的全球污染物，危害人体健康。

我们也不知道污染是如何随时间累积的。20 世纪 50 年代和 60 年代的烟雾表明，受到严重污染的空气会在短时间内损害成千上万人的健康，但是直到 40 年后，“六城研究”才证明，每天呼吸受污染的空气会缩短人们的寿命。继这一发现之后，又有证据表明，长期吸入交通尾气可能会阻碍儿童的肺部发育。新的研究正在揭示空气污染的终身影响，包括对胎儿和青少年发育的影响，以及对成人寿命的影响。在空气污染的历史上，曾出现过许多警示信号，但我们都视而不见：多诺拉镇和默兹河谷、含铅汽油、柴油轿车问题。如果我们再无视当代的警告，就毫无道理可言，忽视的后果就是让自己陷入危机。

室内禁烟令颁布后，餐馆或酒吧发生了实质性改变，我们不禁要感慨一下以前在烟雾弥漫的环境中用餐是何等糟糕。能够顺利在室内禁烟真是一个奇迹。10 个国家、美国 12 个州和全球 15 个城市颁布室内禁烟令后，心脏病发生率降低了 12%，中风和儿童哮喘病例也减少了。禁令的成效出乎所有人的意料。它表明，被动吸烟的影响我们以前从未意识到[15]。减少室外空气污染可能会产生我们无法想象的巨大健康收益。

空气污染问题的核心是巨大的社会不公平。2011 年，我在家乡的教堂里进行了一次公开演讲。我向听众展示了一张汽车保有量地图和一张空气污染地图。这些汽车主要为郊区的富人所有，但他们受到的空气污染影响最少。空气污染最严重的地区是市中心和最繁忙的道路沿线（汽车保有量最低）。受空气污染影响最严重的人并不是造成污染的人。他们主要通过步行、骑自行车或乘坐公共交通工具去上班和上学。这种模式在英国和发达世界十分常见。从全球来看，世界上最贫穷的人口受到的空气污染最为严重，他们居住在拥挤的排屋内，分散在非洲大陆各地和东南亚。粮食最为匮乏的人口遭受的作物收成损失也最为严重。减少空气污染应成为国际援助的目标，并被明确地纳入可持续发展目标。

空气不属于，也无法属于我们任何一个人。空气是流动的，因此，我今天在英格兰南部呼吸的空气可能昨天还在巴黎，明天又到了阿姆斯特丹。空气是人类的共享资源，但我们并没有因此对它多加保护，不仅未保护，反而似乎还要“伤害”它。生态学家兼经济学家加勒特·哈丁（Garrett Hardin）[16]于 1968 年发表的论文《公地悲剧》（*The Tragedy of the Commons*）[17]中就提请各方关注维多利亚时代的经济学家威廉·福斯特·劳埃德（William Forster Lloyd）最早就公地问题编写的宣传册和发表的演讲。劳埃德在其中谈论了英国某一公地的命运。公地，顾名思义就是一片共享的土地，当地的所有村民都可以在该地区放牧。劳埃德和哈丁提出，如果有人将一头额外的奶牛带进公地，后果会怎样？它吃了一些公共的牧草。村里每个人都要负担这头奶牛的额外成本，因为所有牲畜都遭受过度放牧所产生的边际效应的影响，但这头奶牛的商业利益却由一个人——这头奶牛的拥有者独享。因此，对于村民们来说，最划算的做法就是多养些牛，增加的利润归自己所有，但成本由每个人均摊。同样的，污染者清洁汽车尾气或工厂排放物需要付出成本，但他们分摊的健康和环境负担比重很小。只有统观全局时，我们才会发现清洁空气的总成本远远小于不清洁空气造成的损失。

工业小镇的烟囱曾经是经济繁荣的象征。即使在今天，污染也意味着利润。政治家需要应对的挑战是使经济正常运行，确保污染者付出代价，并以合理方式推进治污工作。哈丁讨论了滥用公共资源背后的道德制约，即利用公地草场饲养额外奶牛的农民所承担的社会压力，但是哮喘儿童的父母应该向谁施加压力？在小区周边行驶的汽车有成千上万。我们的空气污染问题只能通过全社会的集体行动来解决，这又回归到了政府的行动上。

我将空气污染比喻为隐形杀手。空气污染未被正式列为死亡原因之一，但是有大量证据表明，空气污染正在缩短我们的寿命。它增加了因日常原因造成的死亡和疾病，包括呼吸系统疾病、心脏病、中风等。如若仔细观察，我们能够看到污染物。我们还可以闻到和“尝到”大火产生的烟雾和过往车辆的废气。曾经困扰伦敦的冬季重度烟雾，世界各大城市如今常见的雾霾，都是明显的空气污染迹象，但我们对其视而不见，习以为常。在 1921 年的煤矿罢工期间，英国人民发现周围的世界奇迹般地发生了改变，远方烟雾缭绕的山脉也露出了真面目。在 2014 年的 APEC 会议期间，以及 2015 年的第二次世界大战胜利 70 周年阅兵活动期间，北京周边的工业受到管制，交通量减少了一半。空气污染减少，天空晴朗。北京市的雾霾消失，市民看到了久违的蓝天。人们笑称它为“APEC 蓝”和“阅兵蓝”[18]。因此，治理空气污染的难点不是空气污染是不可见的，而是人们已经习惯和接受了它。

对空气污染的包容不仅影响人们的日常感知，甚至还会影响政府的决策。2005 年，欧盟领导人通过了一项政策，根据预测，在该政策背景下，2020 年前每年仍将发生 20 万例早逝病例[19]。随后制订的 2030 年计划也未顾及健康专家和经济学家的建议[20]。他们将空气污染作为一个既定事实，只要情况不恶化就万事大吉。但事实是，我们应该将清洁的空气作为行动的基准。

本书首先回顾了历史，以便更好地展望未来。在空气污染的历史上，出现过许多未曾有人留意的警告，也不缺乏等到灾难发生后政府才紧急调整政策的例子，这些灾难本来是可以，也应当被避免的。1952 年冬天，1. 2 万名伦敦居民丧生，政府这才开始关注几十年前的警告。铅是一种全球性污染物，在其得到控制之前，已经有数百万儿童受到侵害。在中国将空气污染列为优先重点之前，其国内每年受空气污染影响的人数不断增加[21]。

许多空气污染治理目标要在未来几十年后才能达成。英国的目标是到 21 世纪 20 年代中期达到 2010 年二氧化氮法定限值。能否实现这些目标，将主要取决于未来几年内生产的柴油车辆能否达到减排要求，以及它们的实际排放量。根据过去的记录，实现这些目标有一定的难度，按照目前的趋势，市中心街道和主要道路沿线的二氧化氮排放量在未来几年甚至几十年内仍将超过法定限值。因此,采取新的政策和行动十分重要,包括需要落实有关在主要城市设立低排放区的提议。

欧洲设定的颗粒污染物排放限值被批评起不到应有的保护作用。其二氧化氮法定限值符合世界卫生组织的规定,但对于颗粒物污染,限制则不那么严格,为世卫组织建议的两倍。因此,目前正在围绕按照世卫组织规定设定未来政策展开辩论。2018 年,英国政府进行了磋商,计划到 2025 年减少颗粒物污染,并使空气中颗粒物含量高于世卫组织标准的地区数量减少一半。这些地区主要位于人口稠密的东南部,包括伦敦,伦敦市长希望在 2030 年前达到世卫组织的规定。为此,我们必须更全面地管理我们的空气,不但要继续关注交通和工业,还要重视家庭燃木取暖、农业和餐饮等领域。

2015 年的《巴黎协定》提出了在 21 世纪将全球平均气温上升限制在 2 摄氏度以内的目标[22]。因此,应对气候变化将成为未来几十年的行动重点。随着海平面上升和天气模式的改变,我们不得不努力减少温室气体的排放,同时维持我们的生活和经济。近 300 年来,煤炭一直是全球工业和社会发展的动力,从欧洲的工业革命到中国近代的工业化,无不由煤炭所主导。但我们也为此付出了代价。本书反复强调燃煤造成的空气污染,没有任何其他人类行为能够对我们的星球产生如此深远的影响。燃煤损害了我们的健康,缩短了数百万人的寿命,而且这种情况还在继续。它破坏了生态系统,是造成大气中二氧化碳含量增加的主要原因。通过对气候变化进行科学研究，我们终于认清了煤炭的双重身份，它既是一种宝贵的自然资源，同时又是一种危险物质。如果我们要防止全球变暖进程变得无法控制，就必须将其留在地下[23]。减少燃煤对我们的空气有百利而无一害，而且如果它能被可再生能源（例如水力发电、地热、风能、太阳能、波浪、潮汐以及部分人士所主张的核能）替代，那就更加理想了。

在 21 世纪，将空气污染与气候变化结合起来考量变得空前重要，如此才能防止两方面的行动互相抵触。根据世卫组织的观点，同时应对空气污染和气候变化将带来巨大利益，需要平衡好此类良性政策[24]。许多空气污染物，例如天然气以及煤矿泄漏的黑炭和甲烷，对空气污染和气候均不利，也会对粮食作物造成危害[25]。

2008 年，英国政府通过了《气候变化法案》。该法案规定，到 2050 年，英国的温室气体排放量必须比 1990 年减少 80%（以二氧化碳当量计算）。2012—2015 年，排放量平均每年减少 4.5%，但这几乎完全是由于电力技术的进步、煤炭用量的减少以及天然气、风能和燃木发电量的增加所致①。就温室气体减排而言，其他经济领域几乎没有任何进展。

当然，我们可以通过许多途径来推动所需的变革。2018 年，马丁·威廉姆斯（Martin Williams）及其伦敦国王学院的同事研究了英国未来的能源计划及其对空气污染的影响[26]。他

---

① 在温室气体排放核算系统中，燃木发电被视为碳排放为零的行为。但现实情况并非如此简单。请参阅第 11 章。

带来了一些好消息。减少化石燃料的使用将导致全国范围内的颗粒物污染状况得以改善，由于我们的欧洲邻国也采取同样的举措，因此，到 21 世纪 30 年代，西欧各国将摆脱春季重度颗粒污染的烦恼。但是，威廉姆斯的评估结果中也有对我们这些城市居民（占英国人口的 80%）不利的消息。符合《气候变化法案》要求的下述两种方案将对城市空气污染产生严重影响：一是未来 20 年内，用于供热和供电的木柴燃烧量增加；二是热电联产的广泛运用，将增加城市二氧化氮含量。未来，政府还计划增加道路交通，而不是像 21 世纪初期那样专注于减少道路交通。这将使抗击碳排放和空气污染的斗争变得更为艰难。

面向未来的技术已经基本研发成功，但尚未被广泛采用。许多国家和城市政府正在努力停止传统汽油和柴油轿车的销售。就英国而言，政府希望在 2040 年前实现这一目标。新兴电动车辆将取代汽油和柴油轿车，这似乎是不可避免的趋势。2010—2017 年，电池组的成本下降了 80%[27]，但要发展电动汽车行业，还必须投资建设充电基础设施，并调整传统的发电方式。我们还必须牢记，电动汽车并不意味着没有空气污染。它们仍然会因刹车、轮胎和道路的磨损而产生颗粒污染。

为长途重型货车提供动力是当前面临的巨大挑战，目前柴油是唯一可行的动力选择。甲烷等替代燃料会带来极大的气候风险，而氢燃料卡车尚未投入生产。因此，未来几十年内，我们似乎仍然无法摆脱柴油燃料，而且还需要投入更多资金来清洁其尾气。在航运和航空领域，我们也面临同样的挑战——货轮用的燃料油和飞机用的煤油找不到替代品。这使得电动火车成为一种理想的低空气污染和低碳排放的替代交通方式，适合人员和货物的长途运输。自动驾驶或无人驾驶车辆也在测试之中。尽管自动或无人驾驶可能会提高部分人群的移动性，但它们可能会使人们从积极出行和高占用率的公共交通转向低占用率的无人驾驶汽车。在拥有迷人公共空间和公园的紧凑型城市，上班、上学、购物和回家的日常短途步行可以成为我们一天中的一段愉快时光，比坐在车里打发时间有趣得多。因此，无论是发达国家还是发展中国家，城市设计对于鼓励环保型生活方式都是至关重要的。

本章的开头对世界城市人口作出了预测。未来 40 年，城市人口将翻一番，但新城市的功能和结构将由未来 20 年所决定[28]。全球现有的城市也需要适应未来的变化。因此，要减少空气污染的健康影响并实现我们的气候变化目标，接下来的几十年将变得至关重要。

归根结底，我们必须认识到空气是一种需要保护的宝贵资源，而不能将其用来处理废物。在每个人的一生中，都要呼吸约 2.5 亿升、30 万千克的空气[29]。但是，我们并不拥有空气，除了吸入空气的那一瞬间。因此，我们每个人都应尽自己所能采取行动，但最关键的是，全世界各国政府都应发挥领导作用，创造有利的环境，使低污染的生活方式和低污染的行业不再遥不可及，而是唯一明确而合理的选择。减轻空气污染造成的健康危害将成为政府的一项丰功伟绩。

参考文献

前言

[1] Health Effects Institute and Institute for Health Metrics, *State of Global Air 2017: A special report*. Boston: HEI, 2017.

第 1 章 早期的探索

[1] Evelyn, J., *Fumifugium, or, The inconveniencie of the aer and smoak of London dissipated together with some remedies humbly proposed*, translated by Gross, A., and Shaw. J. Brighton: Environmental Protection UK, 1661;2012.

[2] Brimblecombe, P., *The Big Smoke*. London: Methuen, 1987; Shaw, N., and Owens, J. S., *The Smoke Problem of Great Cities*. London: Constable & Company, 1925.

[3] Thorsheim, P., *Inventing Pollution: Coal, smoke and culture in Britain since 1800*. Athens, Ohio: Ohio University Press, 2006.

[4] West, B. J. (2013), "Torricelli and the Ocean of Air: The first measurement of barometric pressure." *Physiology*, Vol. 28, 66 – 73.

[5] Smith, R. A., *Air and Rain: The beginnings of a chemical climatology*. London: Longmans, Green and Company, 1872.

[6] Ibid.

[7] Clapp, B. W., *An Environmental History of Britain since the Industrial Revolution*. Harlow, Essex: Longman, 1994.

[8] Aitken, J. (1888), "On the number of dust particles in the atmos-

phere." *Nature*, 428 - 430.

[9] Knott, C. G., *Collected Scientific Papers of John Aitken, LL. D., F. R. S., edited for the Royal Society of Edinburgh (with introductory memoir)*. s. l.: Cambridge University Press, 1923.

[10] Rubin, R. B. (2001), "The history of ozone: The Schonbein period, 1839 - 1868." *Bulletin for the History of Chemistry*, Vol. 26(1), 40 - 56.

[11] Rubin, R. B. (2001), "The history of ozone: The Schonbein period, 1839 - 1868." *Bulletin for the History of Chemistry*, Vol. 26(1), 40 - 56.

[12] Thorsheim, *Inventing Pollution*.

[13] Voltz, A., and Kley, D. (1988), "Evaluation of the Montsouris series of ozone measurements." *Nature*, Vol. 332, 240 - 242.

[14] Smith, *Air and Rain*.

第2章 被忽视的警告

[1] Dr. J. S. Owens, obituary (1942). *Nature*, Vol. 149, 133.

[2] Connor, K., "There's something in the air." Wellcome Library, November 20, 2013: http://blog.wellcomelibrary.org/2013/11/theres-something-in-the-air-early-environmental-campaigners/.

[3] Owens, J. S. (1936), "Twenty-five years' progress in smoke abatement." *Transactions of the Faraday Society*, Vol. 32, 1234 - 1241.

[4] Owens, J. S. (1918), "The measurement of atmospheric pollution." *Quarterly Journal of the Royal Meteorological Society*, Vol. 44, 187.

[5] Owens, J. S. (1926), "Measuring the smoke pollution of city air." *The Analyst*, Vol. 51, 2 - 18.

[6] Owens, "Twenty-five years' progress in smoke abatement."

[7] Shaw, N., and Owens, J. S., *The Smoke Problem of Great Cities*. London: Constable & Company, 1925.

[8] Beaver, H. E. C., "The growth of public opinion," in Mallette, F. S. (ed.), *Problems and Control of Air Pollution*. New York: The American Society of Mechanical Engineers, Reinhold Publishing Corporation, 1955.

[9] Owens, J. S. (1922), "*Suspended impurity in the air.*" *Proceedings of the Royal Society of London*, Series A, Vol. 101(708), 18 -

37.
[10] Shaw and Owens, *The Smoke Problem of Great Cities*.
[11] Ibid.
[12] Ibid.
[13] Whipple, F. J. W. (1929), "Potential gradient and atmospheric pollution: The influence of 'summer time.'" *Quarterly Journal of the Royal Meteorological Society*, Vol. 55(232), 351 - 362.
[14] Shaw and Owens, *The Smoke Problem of Great Cities*.
[15] Taylor, J. S., *Smoke and Health: A lecture delivered at the Manchester College of Technology*. Manchester: Joint Committee of the Manchester and District Smoke Abatement Society and the National Smoke Abatement Society, 1929.
[16] Shaw and Owens, *The Smoke Problem of Great Cities*.
[17] Ibid.
[18] Rollier, A. (1929), "The sun cure and the work cure in surgical tuberculosis." *British Medical Journal*, Vol. 2(3599), 1206 - 1207.
[19] Firket, J. (1936), "Fog along the Meuse Valley." *Transactions of the Faraday Society*, Vol. 32, 1192 - 1196.
[20] Ibid.
[21] *Mortality and Morbidity During the London Fog of December 1952*. Reports on public health and medical subjects No. 95. London: Ministry of Health, 1954.
[22] McCabe, L. C., and Clayton, G. D. (1952), "Air Pollution by Hydrogen Sulfide in Poza Rica, Mexico. An Evaluation of the Incident of Nov. 24, 1950." *Archives of Industrial Hygiene and Occupational Medicine*, Vol. 6, 199 - 213.

第3章 伦敦烟雾事件

[1] The Greater London Authority, *50 Years On: The struggle for air quality in London since the great smog of December 1952*. London: The Greater London Authority, 2002; Brimblecombe, P., The Big Smoke. London: Methuen, 1987.
[2] Ministry of Health, *Mortality and Morbidity During the London Fog of December 1952*. Reports on public health and medical subjects No. 95. London: 1954.
[3] Ibid.

[4] Ibid.

[5] Wilkins, E. T. (1954), "Air pollution and the London fog of December, 1952." *Journal of the Royal Sanitary Institute*, Vol. 74(1), 1 - 21.

[6] Logan, W. P. D. (1953), "Mortality in the London fog incident, 1952." *The Lancet*, Vol. 261(6755), 226 - 338; Wilkins, E. T. (1954), "Air pollution aspects of the London fog of 1952." *Journal of the Royal Meteorological Society*, 267 - 271.

[7] Thorsheim, P., *Inventing Pollution: Coal, smoke and culture in Britain since 1800*. Athens, Ohio: Ohio University Press, 2006.

[8] Ibid.

[9] Bell, M. L., and Davis, D. L. (2001), "Reassessment of the lethal London fog of 1952: Novel indicators of acute and chronic consequences of acute exposure to air pollution." *Environmental Health Perspectives*, Vol. 109, Supplement 3, 389 - 394.

[10] Ibid.

[11] Clapp, B. W., *An Environmental History of Britain since the Industrial Revolution*. Harlow, Essex: Longman, 1994.

[12] Hansard, February 2, 1953. Vols. 510, cc1460 - 1462.

[13] Hansard, 1953. Vols. 515, cc841 - 552.

[14] Sir Hugh Eyre Campbell Beaver KBE LLD, obituary. The Institution of Civil Engineers, 1967.

[15] Cavendish, R., "Publication of the Guinness Book of Records." *History Today*: https://www.questia.com/magazine/1G1-135180380/publication-of-the-guinness-book-of-records-august.

[16] Beaver, H. E. C., "The growth of public opinion," in Mallette, F. S. (ed.), *Problems and Control of Air Pollution*. New York: The American Society of Mechanical Engineers, Reinhold Publishing Corporation, 1955; Wilkins, "Air pollution and the London fog of December, 1952."

[17] Thorsheim, *Inventing Pollution*.

[18] Clapp, *An Environmental History of Britain*.

[19] Ibid.

[20] Sutherland, J., "Sir Gerald and the roundabout." *The Guardian*, December 27, 1999: https://www.theguardian.com/uk/1999/dec/27/hamiltonvalfayed.features11; "Gerald Nabarro." Wikipedia:

https：//en. wikipedia. org/wiki/Gerald_Nabarro.
[21] Clapp, *An Environmental History of Britain*.
[22] Ministry of Health, *Mortality and Morbidity During the London Fog of December 1952*; Logan, W. P. D. (1956), "Mortality from fog in London, January, 1956." *British Medical Journal*, Vol. 1(4969), 722; Brimblecombe, *The Big Smoke*; Anderson, H. R., Limb, E. S., Bland, J. M., De Leon, A. P., Strachan, D. P., and Bower, J. S. (1995), "Health effects of an air pollution episode in London, December 1991." *Thorax*, Vol. 50(11), 1188 - 1193; Stedman, J. R. (2004), "The predicted number of air pollution related deaths in the UK during the August 2003 heatwave." *Atmospheric Environment*, Vol. 38(8), 1087 - 1090; Macintyre, H. L., Heaviside, C., Neal, L. S., Agnew, P., Thornes, J., and Vardoulakis, S. (2016), "Mortality and emergency hospitalizations associated with atmospheric particulate matter episodes across the UK in spring 2014." *Environment International*, Vol. 97, 108 - 116.
[23] Anderson et al., "Health effects of an air pollution episode in London, December 1991."

第4章　含铅汽油的罪恶

[1] Bess, M. (2002), review of McNeill, J. R., *Something New Under the Sun: An Environmental History of the Twentieth-Century World* (New York: W. W. Norton, 2001). *Journal of Political Ecology*. Volume 9, 1 - 2.
[2] Pearce, F., "Inventor hero was a one-man environmental disaster." *New Scientist*, June 7, 2017.
[3] Grandjean, P., Bailar, J. C., Gee, D., Needleman, H. L., Ozonoff, D. M., Richter, E., Sofritti, M., and Soskolne, C. L. (2003), "Implications of the precautionary principle in research and policy-making." *American Journal of Industrial Medicine*, Vol. 45(4), 382 - 385.
[4] Ibid.
[5] Tilton, G., *Clair Cameron Patterson*, 1922 - 1995: *A Biographical Memoir*. Washington, DC: National Academy of Sciences, 1998.
[6] Needleman, H. L., Gunnoe, C., Leviton, A., Reed, R., Peresie, H., Maher, C., and Barrett, P. (1979), "Deficits in psychologic

and classroom performance of children with elevated dentine lead levels." *New England Journal of Medicine*, Vol. 300(13), 689 - 695; Carey, B., "Dr. Herbert Needleman, Who Saw Lead's Wider Harm to Children, Dies at 89." *New York Times*, July 27, 2017.

[7] Carey, "Dr. Herbert Needleman."

[8] Grandjean et al., "Implications of the precautionary principle."

[9] Chesshyre, R., "Des Wilson: 'We can only try to edge the world in the right direction.'" *The Independent*, February 28, 2011.

[10] Leigh, D., Evans, R., and Mahmood, M., "Killer chemicals and greased palms—the deadly 'end game' for leaded petrol." *The Guardian*, June 30, 2010.

[11] Lanphear, B. P., Rauch, S., Auinger, P., Allen, R. W., and Hornung, R. W. (2018), "Low-level lead exposure and mortality in US adults: A population-based cohort study." *The Lancet Public Health*, Vol. 3(4), 177 - 184.

第 5 章 腐蚀橡胶的臭氧

[1] South Coast Air Quality Management District (1997), "The Southland's War on Smog: Fifty Years of Progress Toward Clean Air (through May 1997)," http://www.aqmd.gov/home/research/publications/50-years-of-progress.

[2] Dunsey, J., "Localising smog—transgressions in the therapeutic landscape," in DuPuis, E. M. (ed.), *Smoke and Mirrors: The politics and culture of air pollution*. New York: New York University Press, 2004.

[3] Cohen, S. K., Interview with Zus (Maria) Haagen-Smit (1910 - 2006). Pasadena, California: Archives of the California Institute of Technology, 2000.

[4] Haagen-Smit, A. J. (1952), "Chemistry and physiology of Los Angeles smog." *Industrial and Engineering Chemistry*, Vol. 44 (6), 1342 - 1346.

[5] Cohen, Interview with Zus (Maria) Haagen-Smit.

[6] Kean, S. (2016), "The flavor of smog." *Distillations Magazine*, *The Science History Institute*. https://www.sciencehistory.org/distillations/magazine/the-flavor-of-smog.

[7] Royal College of Physicians, Air Pollution and Health. London: Pitman,

1970.

[8] Atkins, D. H. F. , Cox, R. A. , and Eggleton, A. E. J. (1972), "Photochemical ozone and sulphuric acid aerosol formation in the atmosphere over southern England." *Nature*, Vol. 235 (5338), 372 - 376.

[9] Jones, T. , Overy, C. , and Tansey, E. M. , *Air Pollution Research in Britain c1955 - c2000*. London: The Wellcome Trust, 2016.

[10] Cox, R. A. , Eggleton, A. E. J. , Derwent, R. G. , Lovelock, J. E. , and Pack, D. H. (1975), "Long-range transport of photochemical ozone in North-Western Europe." *Nature*, Vol. 255 (5504), 118 - 121.

[11] Jones et al. , *Air Pollution Research in Britain*.

[12] Jenkin, M. E. , Davies, T. J. , and Stedman, J. R. (2002), "The origin and day-of-week dependence of photochemical ozone episodes in the UK." *Atmospheric Environment*, Vol. 36(6),999 - 1012.

[13] Stedman, J. R. (2004), "The predicted number of air pollution related deaths in the UK during the August 2003 heatwave." *Atmospheric Environment*, Vol. 38(8),1087 - 1090.

[14] World Health Organization, Regional Office for Europe, *Review of Evidence on the Health Aspects of Air Pollution—REVIHAAP Project, technical report*. Bonn: WHO, 2013.

[15] Di, Q. , Wang, Y. , Zanobetti, A. , Wang, Y. , Koutrakis, P. , Choirat, C. , Dominici, F. , and Schwartz, J. D. (2017), "Air pollution and mortality in the Medicare population." *New England Journal of Medicine*, Vol. 376(26),2513 - 2522.

第 6 章 酸雨和颗粒物

[1] United Nations, *Clearing the Air: 25 years of the Convention on Long-Range Transboundary Air Pollution*. Geneva and New York: United Nations, 2004.

[2] Clapp, B. W. , *An Environmental History of Britain since the Industrial Revolution*. Harlow, Essex: Longman, 1994.

[3] Ottar, B. (1976), "Organization of long range transport of air pollution monitoring in Europe." *Water, Air, and Soil Pollution*, Vol. 6,219 - 229.

[4] Hollingshead, I. , "Whatever happened to the acid rain debate?" *The*

Guardian, October 21, 2005: https://www.theguardian.com/news/2005/oct/22/mainsection.saturday32.

[5] Ottar, B. (1977), "International agreement needed to reduce long-range transport of air pollutants in Europe." *Ambio*, Vol. 6(5), 262 - 269.

[6] United Nations, *Clearing the Air*.

[7] Ottar, "International agreement needed."

[8] Ottar, "Organization of long range transport."

[9] Clapp, *An Environmental History of Britain*; Rees, R. L., "Removal of sulfur dioxide from power plant stack gases," in Mallette, F. S. (ed.), *Problems and Control of Air Pollution*. New York: The American Society of Mechanical Engineers, Reinhold Publishing Corporation, 1955.

[10] Barns, R. A. (1977), "Sulphur deposit account." *Nature*, Vol. 268, 92 - 93.

[11] Editorial (July 14, 1977), "Million dollar problem—billion dollar solution?" *Nature*, Vol. 268, 89.

[12] Barnes, R., Parkinson, G. S., and Smith, A. E. (1983), "The costs and benefits of sulphur oxide control." *Journal of the Air Pollution Control Association*, Vol. 33(8), 737 - 741.

[13] Ball, D. J. and Hume, R. (1977), "The relative importance of vehicular and domestic emissions of dark smoke in Greater London in the mid-1970s, the significance of smoke shade measurements, and an explanation of the relationship of smoke shade to gravimetric." *Atmospheric Environment*, Vol. 11(11), 1065 - 1073.

[14] Ball, D. J. (1977), "Sampling. Some measurements of atmospheric pollution by aerosols in an urban environment." *Proceedings of the Analytical Division of the Chemical Society*, Vol. 14(8), 203 - 208.

[15] Expert Panel on Air Quality Standards, *Particles*. London: Department of Environment, Transport and the Regions, 1998.

[16] Stedman, J. (1997), "A UK wide episode of elevated particle (PM10) concentration in March 1996." *Atmospheric Environment*, Vol. 31(15), 2381 - 2383.

[17] Ibid.

[18] Macintyre, H. L., Heaviside, C., Neal, L. S., Agnew, P., Thornes, J., and Vardoulakis, S. (2016), "Mortality and emergency

hospitalizations associated with atmospheric particulate matter episodes across the UK in spring 2014." *Environment International*, Vol. 97, 108－116.

[19] European Environment Agency, *Air Quality in Europe—2016 report*. EA Report number 28/2016. Luxembourg: EEA, 2016.

[20] Wang, S. and Hao, J. (2012), "Air quality management in China: Issues, challenges, and options." *Journal of Environmental Sciences*, Vol. 24(1), 2－13.

[21] Turnock, S. T., Butt, E. W., Richardson, T. B., Mann, G. W., Reddington, C. L., Forster, P. M., Haywood, J., Crippa, M., Janssens-Maenhout, G., Johnson, C. E., and Bellouin, N. (2016), "The impact of European legislative and technology measures to reduce air pollutants on air quality, human health and climate." *Environmental Research Letters*, Vol. 11(2), 024010.

第7章 六城研究记

[1] Dockery, D. W., Pope, C. A., Xu, X., Spengler, J. D., Ware, J. H., Fay, M. E., Ferris, B. G., Jr., and Speizer, F. E. (1993), "An association between air pollution and mortality in six US cities." *New England Journal of Medicine*, Vol. 329(24), 1753－1759.

[2] Ibid.

[3] The Health Effects Institute, *Reanalysis of the Harvard Six Cities Study and the American Cancer Society Study of Particulate Mortality: A special report of the Institute's particle epidemiology reanalysis project*. Cambridge, MA: HEI, 2000.

[4] Moolgavkar, S. H., and Luebeck, E. G. (1996), "A critical review of the evidence on particulate air pollution and mortality." *Epidemiology*, Vol. 7(9), 420－428.

[5] Vedal, S. (1997), "Ambient particles and health: Lines that divide." *Journal of the Air & Waste Management Association*, Vol. 47(5), 551－581.

[6] Health Effects Institute, *Reanalysis of the Harvard Six Cities Study*.

[7] Laden, F., Schwartz, J., Speizer, F. E., and Dockery, D. W. (2006), "Reduction in fine particulate air pollution and mortality: Extended follow-up of the Harvard Six Cities study." *American Journal of Respiratory and Critical Care Medicine*, Vol. 173(6),

667 - 672.

[8] Gauderman, W. J., McConnell, R., Gilliland, F., London, S., Thomas, D., and Avol, E. (2000), "Association between air pollution and lung function growth in southern California children." *American Journal of Respiratory Critical Care Medicine*, Vol. 162 (4), 1383 - 1390.

[9] Gauderman, W. J., Urman, R., Avol, E., Berhane, K., McConnell, R., Rappaport, E., Chang, R., Lurmann, F., and Gilliland, F. (2015), "Association of improved air quality with lung development in children." *New England Journal of Medicine*, Vol. 372 (10), 905 - 913.

[10] Ministry of Health, *Mortality and Morbidity During the London Fog of December 1952*. Reports on public health and medical subjects No. 95. London: 1954.

[11] Royal College of Physicians and Royal College of Paediatrics and Child Health, *Every Breath We Take: The lifelong impact of air pollution*. London: Royal College of Physicians, 2016.

[12] Black, D., "Sellafield: the nuclear legacy." *The New Scientist*, March 7, 1985.

[13] Hansell, A., Ghosh, R. E., Blangiardo, M., Perkins, C., Vienneau, D., Goffe, K., Briggs, D., and Gulliver, J. (2016), "Historic air pollution exposure and long-term mortality risks in England and Wales: Prospective longitudinal cohort study." *Thorax*, Vol. 71 (4), 330 - 338.

[14] Kelly, F. J. (2003), "Oxidative stress: Its role in air pollution and adverse health effects." *Occupational and Environmental Medicine*, Vol. 60(8), 612 - 616.

[15] Pirani, M., Best, N., Blangiardo, M., Liverani, S., Atkinson, R. W., and Fuller, G. W. (2015), "Analysing the health effects of simultaneous exposure to physical and chemical properties of airborne particles." *Environment International*, Vol. 79, 56 - 64.

[16] Health Effects Institute and Institute for Health Metrics, *State of Global Air* 2017: *A special report*. Boston: HEI, 2017.

[17] Di, Q., Wang, Y., Zanobetti, A., Wang, Y., Koutrakis, P., Choirat, C., Dominici, F., and Schwartz, J. D. (2017), "Air pollution and mortality in the Medicare population." Vol. 376(26),

2513－2522.

[18] Health Effects Institute，*State of Global Air* 2017.

第 8 章 环球空气考察记

[1] Transport and Environment，*Diesel*：*The true and dirty story*. Brussels：T&E，2017.

[2] European Environment Agency，*Air Quality in Europe*—2016 *report*，EA Report number 28/2016. Luxembourg：EEA，2016.

[3] Goudie，S. （2014），"Desert dust and human health disorders." *Environment International*，Vol. 63，101－113.

[4] Uno，I.，Eguchi，K.，Yumimoto，K.，Takemura，T.，Shimizu，A.，Uematsu，M.，Liu，Z.，Wang，Z.，Hara，Y.，and Sugimoto，N. （2009），"Asian dust transported one full circuit around the globe." *Nature Geoscience*，Vol. 2(8).

[5] Health Effects Institute and Institute for Health Metrics，*State of Global Air* 2017：*A special report*. Boston：HEI，2017.

[6] Johnston，F. H.，Henderson，S.，Chen，Y.，Randerson，J. Y.，Marlier，M.，DeFries，R. S.，Kinney，P.，Bowman，D. J. M. S.，and Brauer，M. （2012），"Estimated global mortality attributable to smoke from landscape fires." *Environmental Health Perspectives*，Vol. 120(5)，695.

[7] Tian，L.，Ho，K.，Louie，P. K. K.，Qiu，H.，Pun，V. C.，Kan，H.，Ignatius，T. S.，and Wong，T. W. （2013），"Shipping emissions associated with increased cardiovascular hospitalizations." *Atmospheric Environment*，Vol. 74，320－325.

[8] Schmidt，A.，Ostro，B.，Carslaw，K. S.，Wilson，M.，Thordarson，T.，Mann，G. W.，and Simmons，A. J. （2011），"Excess mortality in Europe following a future Laki-style Icelandic eruption." *Proceedings of the National Academy of Sciences*，Vol. 108(38)，15710－15715.

[9] Helmig，D.，Rossabi，S.，Hueber，J.，Tans，P.，Montzka，S. A.，Masarie，K.，Thoning，K.，Plass-Duelmer，C.，Claude，A.，Carpenter，L. J.，and Lewis，A. （2016），"Reversal of global atmospheric ethane and propane trends largely due to US oil and natural gas production." *Nature Geoscience*，490－495.

[10] Roberts，D.，"Opinion：How the US embassy Tweeted to clear Beijing's

air." *Wired*, June 3,2015.

[11] Anejionu, O. C., Whyatt, J. D., Blackburn, G. A., and Price, C. S. (2015), "Contributions of gas flaring to a global air pollution hotspot: Spatial and temporal variations, impacts and allevation." *Atmospheric Environment*, Vol. 118,184 - 193.

[12] Miller, J., and Fac,anha, C., *The State of Clean Transport Policy*. Washington: ICCT, 2014.

[13] Broome, R. A., Fann, N., Cristina, T. J. N., Fulcher, C., Duc, H., and Morgan, G. G. (2015), "The health benefits of reducing air pollution in Sydney, Australia." *Environmental Research*, Vol. 143, 19 - 25.

[14] Fuller, G., "All is not pristine in New Zealand's polluted air." *The Guardian*, August 28, 2016: https://www.theguardian.com/environment/2016/aug/28/pollution-new-zealand-wood-fires-insulation-world-weatherwatch.

[15] Clean Air Institute, *Air Quality in Latin America*. Washington: Clean Air Institute, 2013.

[16] de Fatima Andrade, M., Kumar, P., de Freitas, E. D., Ynoue, R. Y., Martins, J., Martins, L. D., Nogueira, T., Perez-Martinez, P., de Miranda, R. M., Albuquerque, T., and Gonc,alves, F. L. T. (2017), "Air quality in the megacity of Sao Paulo: Evolution over the last 30 years and future perspectives." *Atmospheric Environment*, Vol. 159,66 - 82.

[17] Roberts, "Opinion: How the US embassy Tweeted to clear Beijing's air."

[18] Chai, F., Gao, J., Chen, Z., Wang, S., Zhang, Y., Zhang, J., Zhang, H., Yun, Y., and Ren, C. (2015), "Spatial and temporal variation of particulate matter and gaseous pollutants in 26 cities in China." *Journal of Environmental Sciences*, Vol. 26(1),75 - 82.

[19] Wong, E., "China lets media report on air pollution crisis." *New York Times*, January 14,2013.

[20] Shaddick, G., Thomas, M. L., Green, A., Brauer, M., Donkelaar, A., Burnett, R., Chang, H. H., Cohen, A., Dingenen, R. V., Dora, C., and Gumy, S. (2017), "Data integration model for air quality: A hierarchical approach to the global estimation of exposures to ambient air pollution." *Journal of the Royal Statistical Society*, Series C (Applied Statistics), Vol. 67(1),231 - 253.

[21] Health Effects Institute and the Institute for Health Metrics, *The State of Global Air—2018*. Boston: HEI, 2018.

[22] Health Effects Institute, *State of Global Air 2017*.

[23] Royal Society, *Ground-level Ozone in the 21st Century: Future trends, impacts and policy implications*. London: Royal Society, 2008; Van Dingenen, R., Dentener, F. J., Raes, F., Krol, M. C., Emberson, L., and Cofala, J. (2009), "The global impact of ozone on agricultural crop yields under current and future air quality legislation." *Atmospheric Environment*, Vol. 43(3), 604 - 618.

[24] Monks, P. (2000), "A review of the observations and origins of the spring ozone maximum." *Atmospheric Environment*, Vol. 34(21), 3545 - 3561; Royal Society, *Ground-level Ozone in the 21st Century*.

[25] Royal Society, *Ground-level Ozone in the 21st Century*.

[26] McDonald, B. C., de Gouw, J. A., Gilman, J. B., Jathar, S. H., Akherati, A., Cappa, C. D., Jimenez, J. L., Lee-Taylor, J., Hayes, P. L., McKeen, S. A., and Cui, Y. Y. (2018), "Volatile chemical products emerging as largest petrochemical source of urban organic emissions." *Science*, Vol. 359(6377), 760 - 764.

[27] Ahmadov, R., McKeen, S., Trainer, M., Banta, R., Brewer, A., Brown, S., Edwards, P. M., de Gouw, J. A., Frost, G. J., Gilman, J., and Helmig, D. (2015), "Understanding high wintertime ozone pollution events in an oil- and natural gas-producing region of the western US." *Atmospheric Physics and Chemistry*, Vol. 15(1), 411 - 429.

[28] Peischl, J., Ryerson, T. B., Aikin, K. C., Gouw, J. A., Gilman, J. B., Holloway, J. S., Lerner, B. M., Nadkarni, R., Neuman, J. A., Nowak, J. B., and Trainer, M. (2014), "Quantifying atmospheric methane emissions from the Haynesville, Fayetteville, and northeastern Marcellus shale gas production regions." *Journal of Geophysical Research: Atmospheres*, Vol. 120(5), 2119 - 2139.

[29] Franco, B., Bader, W., Toon, G. C., Bray, C., Perrin, A., Fischer, E. V., Sudo, K., Boone, C. D., Bovy, B., Lejeune, B., and Servais, C. (2015), "Retrieval of ethane from ground-based FTIR solar spectra using improved spectroscopy: Recent burden increase above Jungfraujoch." *Journal of Quantitative Spectroscopy*

& *Radiative Transfer*, Vol. 160,36 - 49.

[30] Helmig, D. , Rossabi, S. , Hueber, J. , Tans, P. , Montzka, S. A. , Masarie, K. , Thoning, K. , Plass-Duelmer, C. , Claude, A. , Carpenter, L. J. , and Lewis, A. (2016), "Reversal of global atmospheric ethane and propane trends largely due to US oil and natural gas production." *Nature Geoscience*, Vol. 9,490 - 495.

[31] Roohani, Y. H. , Roy, A. A. , Heo, J. , Robinson, A. L. , and Adams, P. J. (2017), "Impact of natural gas development in the Marcellus and Utica shales on regional ozone and fine particulate matter levels." *Atmospheric Environment*, Vol. 155,11 - 20.

[32] Inman, M. (2016), "Can fracking power Europe?" *Nature News*, Vol. 531,22 - 24.

[33] Alvarez, R. A. , Pacala, S. W. , Winebrake, J. J. , Chameides, W. L. , and Hamburg, S. P. (2012), "Greater focus needed on methane leakage from natural gas infrastructure." *Proceedings of the National Academy of Sciences*, Vol. 109(17); Peischl et al. , "Quantifying atmospheric methane emissions."

[34] World Health Organization, *Global Urban Ambient Air Pollution Database* (*update* 2016). Geneva: World Health Organization, 2016.

第 9 章 颗粒物计量,揭开现代空气污染的谜团

[1] Seaton, A. , Godden, D. , MacNee, W. , and Donaldson, K. (1995), "Particulate air pollution and acute health effects." *The Lancet*, Vol. 345 (8943),176 - 178; Seaton, A. (1996), "Particles in the air: The enigma of urban air pollution." Journal of the Royal Society of Medicine, Vol. 89(11),604 - 607.

[2] Anderson, H. R. , Limb, E. S. , Bland, J. M. , De Leon, A. P. , Strachan, D. P. , and Bower, J. S. (1995), "Health effects of an air pollution episode in London, December 1991." *Thorax*, Vol. 50 (11),1188 - 1193.

[3] "About." The Institute of Occupational Medicine: http://www.iomworld.org/about/.

[4] The Royal Society and the Royal Academy of Engineering. *Nanoscience and Nanotechnologies*. London: 2005.

[5] Atkinson, R. W. , Fuller, G. W. , Anderson, H. R. , Harrison, R. M. , and Armstrong, B. (2010), "Urban ambient particle metrics

and health: A time-series analysis." *Epidemiology*, Vol. 21(4), 501 - 511.

[6] Jones, A. M., Harrison, R. M., Barratt, B., and Fuller, G. (2012), "A large reduction in airborne particle number concentrations at the time of the introduction of 'sulphur free' diesel and the London low emission zone." *Atmospheric Environment*, Vol. 50, 129 - 138.

[7] Hudda, N., and Fruin, S. A. (2016), "International airport impacts to air quality: Size and related properties of large increases in ultrafine particle number concentrations." *Environmental Science & Technology*, Vol. 50(7), 3362 - 3370.

[8] Keuken, M. P., Moerman, M., Zandveld, P., Henzing, J. S., and Hoek, G. (2015), "Total and size-resolved particle number and black carbon concentrations in urban areas near Schiphol airport (the Netherlands)." *Atmospheric Environment*, Vol. 104, 132 - 142.

[9] Hansell, A. L., Blangiardo, M., Fortunato, L., Floud, S., de Hoogh, K., Fecht, D., Ghosh, R. E., Laszlo, H. E., Pearson, C., Beale, L., and Beevers, S. (2013), "Aircraft noise and cardiovascular disease near Heathrow airport in London: Small area study." *British Medical Journal*, Vol. 34, f5432.

[10] Barrett, S. R., Yim, S. H., Gilmore, C. K., Murray, L. T., Kuhn, S. R., Tai, A. P., Yantosca, R. M., Byun, D. W., Ngan, F., Li, X., and Levy, J. I. (2012), "Public health, climate, and economic impacts of desulfurizing jet fuel." *Environmental Science & Technology*, Vol. 46, 4275 - 4282.

[11] Abernethy, R. C., Allen, R. W., McKendry, I. G., and Brauer, M. (2013), "A land use regression model for ultrafine particles in Vancouver, Canada." *Environmental Science & Technology*, Vol. 47(10), 5217 - 5225.

[12] Vert, C., Meliefste, K., and Hoek, G. (2016), "Outdoor ultrafine particle concentrations in front of fast food restaurants." *Journal of Exposure Science and Environmental Epidemiology*, Vol. 26(1), 35.

[13] Brines, M., Dall'Osto, M., Beddows, D. C. S., Harrison, R. M., Gómez-Moreno, F., Nunez, L., Artinano, B., Costabile, F., Gobbi, G. P., Salimi, F., and Morawska, L. (2015), "Traffic and nucleation events as main sources of ultrafine particles in high-insolation

insolation developed world cities." *Atmospheric Chemistry and Physics*, 5929 - 5945.

[14] Beddows, D. C. S., Harrison, R. M., Green, D. C., and Fuller, G. W. (2015), "Receptor modelling of both particle composition and size distribution from a background site in London, UK." *Atmospheric Chemistry and Physics*, Vol. 15(17), 10107 - 10125.

第 10 章　大众汽车事件和棘手的柴油问题

[1] Transport and Environment, *Diesel: The true and dirty story*. Brussels: T&E, 2017.

[2] Ibid.

[3] European Parliament Committee of Inquiry into Emission Measurements in the Automotive Sector, *Report on the Inquiry into Emission Measurements in the Automotive Sector (2016/2215(INI))*. European Parliament, 2016.

[4] Transport and Environment, Diesel.

[5] Cames, M., and Helmers, E. (2013), "Critical evaluation of the European diesel car boom-global comparison, environmental effects and various national strategies." *Environmental Sciences Europe*, Vol. 25 (1), 15.

[6] Ibid.

[7] Transport and Environment, *Diesel*.

[8] Carslaw, D. C., Beevers, S. D., and Fuller, G. (2001), "An empirical approach for the prediction of annual mean nitrogen dioxide concentrations in London." *Atmospheric Environment*, Vol. 35(8), 1505 - 1515.

[9] Carslaw, D. C. (2005), "Evidence of an increasing NO2/NOX emissions ratio from road traffic emissions." *Atmospheric Environment*, Vol. 39(26).

[10] Font, A., Guiseppin, L., Ghersi, V., and Fuller, G. W. (2018), "A tale of two cities: Is air pollution improving in London and Paris?" Not yet published.

[11] Department for Environment, Food and Rural Affairs, *Valuing Impacts on Air Quality: Updates in valuing changes in emissions of oxides of nitrogen (NOX) and concentrations of nitrogen dixoide (NO2)*. London: Defra, 2015.

[12] Carslaw, D. C. , and Rhys-Tyler, G. (2013), "New insights from comprehensive on-road measurements of NOx, NO2 and NH3 from vehicle emission remote sensing in London, UK." *Atmospheric Environment*, Vol. 81, 339 - 347.

[13] Lichfield, J. , "The 2CV-A French icon: La toute petite voiture." *The Independent*, April 18, 2008: http://www.independent.co.uk/news/world/europe/the-2cv-a-french-icon-la-toute-petite-voiture-811246.html.

[14] Department for Transport, *Vehicle Emissions Testing Programme*. London: DfT, 2016.

[15] Ibid.

[16] Hagman, R. , Weber, C. , and Amundsen, A. H. , *Emissions from New Vehicles—Trustworthy*? (English summary). Oslo: TOI, 2015.

[17] Sjödin, Å. , Jerksjö, M. , Fallgren, H. , Salberg, H. , Parsmo, R. , and Hult, C. , *On-Road Emission Performance of Late Model Diesel and Gasoline Vehicles as Measured by Remote Sensing*. Stockholm: IVL, 2017.

[18] Department for Transport, *Vehicle Emissions Testing Programme*.

[19] German, J. , "The emissions test defeat device problem in Europe is not about VW." International Council for Clean Transport, May 12, 2016: http://www.theicct.org/blogs/staff/emissions-test-defeat-device-problem-europe-not-about-vw.

[20] Font et al. , "A tale of two cities."

[21] Ibid.

[22] Grange, S. K. , Lewis, A. C. , Moller, S. J. , Carslaw, D. C. (2017), "Lower vehicular primary emissions of NO2 in Europe than assumed in policy projections." *Nature Geosciences*, Vol. 10, 914 - 918; Sjödin et al. , On-road emission performance.

[23] Carslaw, "Evidence of an increasing NO2/NOX emissions ratio from road traffic emissions."

[24] Font, A. , and Fuller, G. W. (2016), "Did policies to abate atmospheric emissions from traffic have a positive effect in London?" *Environmental Pollution*, Vol. 218, 463 - 474.

[25] Sjödin et al. , On-Road Emission Performance.

[26] Dunmore, R. E. , Hopkins, J. R. , Lidster, R. T. , Lee, J. D. , Evans, M. J. , Rickard, A. R. , Lewis, A. C. , and Hamilton, J.

F. (2015), "Diesel-related hydrocarbons can dominate gas phase reactive carbon in megacities." *Atmospheric Chemistry and Physics*, Vol. 15(17), 9983 - 9996.

[27] Ibid.

第 11 章　燃木取暖：最天然的家庭供暖方式？

[1] Favez, O., Cachier, H., Sciare, J., Sarda-Esteve, R., and Martinon, L. (2009), "Evidence for a significant contribution of wood-burning aerosols to PM 2.5 during the winter season in Paris, France." *Atmospheric Environment*, Vol. 43(22), 3640 - 3644.

[2] Wagener, S., Langner, M., Hansen, U., Moriske, H. J., and Endlicher, W. R. (2012), "Spatial and seasonal variations of biogenic tracer compounds in ambient PM 10 and PM 1 samples in Berlin, Germany." *Atmospheric Environment*, Vol. 47, 33 - 42.

[3] Fuller, G. W., Sciare, J., Lutz, M., Moukhtar, S., and Wagener, S. (2013), "New directions: Time to tackle urban wood-burning?" *Atmospheric Environment*, Vol. 68, 295 - 296.

[4] Fuller, G. W., Tremper, A. H., Baker, T. D., Yttri, K. E., and Butterfield, D. (2014), "Contribution of wood-burning to PM10 in London." *Atmospheric Environment*, Vol. 87, 87 - 94.

[5] Fuller et al., "New directions."

[6] Walters, E., *Summary Results of the Domestic Wood Use Survey*. London: Department for Energy and Climate Change, 2016.

[7] Font, A., and Fuller, G. W., *Airborne Particles from Wood-Burning in UK Cities*. London: King's College London, 2017.

[8] Reis, F., Marshall, J. D., and Brauer, M. (2009), "Intake fraction of urban wood smoke." *Atmospheric Environment*, 4701 - 4706.

[9] Mullholland, R., "Segolene Royal defeats 'ridiculous' Paris ban on open log fires." *Daily Telegraph*, December 30, 2014: http://www.telegraph.co.uk/news/worldnews/europe/france/11317811/Segolene-Royal-defeats-ridiculous-Paris-ban-on-open-log-fires.html.

[10] Petersen, L. K. (2008), "Autonomy and proximity in household heating practices: The case of wood-burning stoves." *Journal of Environmental Policy and Planning*, Vol. 10(4), 423 - 438.

[11] Robinson, D. L. (2016), "What makes a successful woodsmoke-reduction program?" *Air Quality and Climate Change*, Vol. 50(3),

25 - 33.

[12] Wright, T. , "Special report: how polluted are New Zealand's rivers?" Newshub, February 27, 2018, http://www.newshub.co.nz/home/new-zealand/2017/02/special-report-how-polluted-are-new-zealand-s-rivers.html.

[13] Coulson, G. , Bian, R. , and Somervell, E. (2015), "An investigation of the variability of particulate emissions from woodstoves in New Zealand." *Aerosol and Air Quality Research*, Vol. 15, 2346 - 2356.

[14] Cupples, J. , Guyatt, V. , and Pearce, J. (2007), "'Put on a jacket, you wuss': Cultural identities, home heating, and air pollution in Christchurch, New Zealand." *Environment and Planning A*, Vol. 39(12), 2883 - 2898.

[15] Valiente, G. , "New rules for wood-burning appliances in Montreal, two decades after ice storm." *The Globe and Mail*, January 4, 2018.

[16] Whitehouse, A. C. , Black, C. B. , Heppe, M. S. , Ruckdeschel, J. , and Levin, S. M. (2008), "Environmental exposure to Libby asbestos and mesotheliomas." *American Journal of Industrial Medicine*, Vol. 51(11), 877 - 880.

[17] Noonan, C. W. , Navidi, W. , Sheppard, L. , Palmer, C. P. , Bergauff, M. , Hooper, K. , and Ward, T. J. (2012), "Residential indoor PM2.5 in wood stove homes: Follow-up of the Libby changeout program." *Indoor Air*, Vol. 22(6), 492 - 500.

[18] Noonan, C. W. , Ward, T. J. , Navidi, W. , and Sheppard, L. (2012), "A rural community intervention targeting biomass combustion sources: Effects on air quality and reporting of children's respiratory outcomes." *Occupational and Environmental Medicine*, Vol. 69(5), 354 - 360.

[19] Coulson et al. , "An investigation of the variability of particulate emissions from woodstoves in New Zealand."

[20] Yap, P. S. , and Garcia, C. (2015), "Effectiveness of residential wood- burning regulation on decreasing particulate matter levels and hospitalizations in the San Joaquin Valley air basin." *American Journal of Public Health*, Vol. 105(4), 772 - 778.

[21] Johnston, F. H. , Hanigan, I. C. , Henderson, S. B. , and Morgan, G. G. (2013), "Evaluation of interventions to reduce air pollution

from biomass smoke on mortality in Launceston, Australia: Retrospective analysis of daily mortality, 1994 - 2007." *British Medical Journal*, Vol. 346, e8446.

[22] Robinson, "What makes a successful woodsmoke-reduction program?"

[23] Davy, P. K., Ancelet, T., Trompetter, W. J., Markwitz, A., and Weatherburn, D. C. (2012), "Composition and source contributions of air particulate matter pollution in a New Zealand suburban town." *Atmospheric Pollution Research*, Vol. 3(1), 143 - 147.

[24] Cavanagh, J. E., Davy, P., Ancelet, T., and Wilton, E. (2012), "Beyond PM10: benzo (a) pyrene and As concentrations in New Zealand air." *Air Quality and Climate Change*, Vol. 46(2), 15.

[25] Phaphitis, N., "In crisis, Greeks turn to wood-burning—and choke." Ekathimerini, January 1, 2013: http://www.ekathimerini.com/147932/article/ekathimerini/community/in-crisis-greeks-turn-to-wood-burning-and-choke.

[26] Airuse, *Biomass Burning in Southern Europe*. Barcelona: Airuse Project, 2015.

[27] Health Effects Institute and Institute for Health Metrics, *State of Global Air* 2017: *A special report*. Boston: HEI, 2017; Landrigan, P., et al., *The Lancet Commission on Pollution and Health*. The Lancet, 2017.

[28] Bruns, E. A., Krapf, M., Orasche, J., Huang, Y., Zimmermann, R., Drinovec, L., Močnik, G., El-Haddad, I., Slowik, J. G., Dommen, J., and Baltensperger, U. (2015), "Characterization of primary and secondary wood combustion products generated under different burner loads." *Atmospheric Chemistry and Physics*, Vol. 15(5), 2825 - 2841.

[29] Williams, M. L., Lott, M. C., Kitwiroon, N., Dajnak, D., Walton, H., Holland, M., Pye, S., Fecht, D., Toledano, M. B., and Beevers, S. D. (2018), "*The Lancet* countdown on health benefits from the UK Climate Change Act: A modelling study for Great Britain." *The Lancet Planetary Health*, Vol. 2(5), 205 - 213.

[30] Brack, D., *Woody Biomass for Power and Heat: Impacts on the global climate*. London: Chatham House, The Royal Institute for International Affairs, 2017; Laganière, J., Paré, D., Thiffault, E., and Bernier, P. Y. (2016), "Range and uncertainties in estimating

delays in greenhouse gas mitigation potential of forest bioenergy sourced from Canadian forests." *GCB Bioenergy*, Vol. 9(2),358 - 369.

[31] Bølling, A. K., Pagels, J., Yttri, K. E., Barregard, L., Sallsten, G., Schwarze, P. E., and Boman, C. (2009), "Health effects of residential wood smoke particles: The importance of combustion conditions and physicochemical particle properties." *Particle and Fibre Toxicology*, Vol. 61(1),65.

[32] Air Quality Expert Group, *The Potential Air Quality Impacts from Biomass Burning in the UK*. London: Defra, 2017.

第 12 章 交通的过错

[1] Curtis, C. (2005), "The windscreen world of land use transport integration: experiences from Perth, WA, a dispersed city." *Town Planning Review*, Vol. 76(4),423 - 454.

[2] Holman, C., Harrison, R., and Querol, X. (2015), "Review of the efficacy of low emission zones to improve urban air quality in European cities." *Atmospheric Environment*, Vol. 111,161 - 169.

[3] GEMB mbH and Green-Zones GmbH, "CRIT' Air." https://www.crit-air.fr/en.html.

[4] Transport for London, *Travel in London Report 3*. London: TfL, 2010.

[5] Ibid.

[6] Ellison, R. B., Greaves, S. P., and Hensher, D. A. (2013), "Five years of London's low emission zone: Effects on vehicle fleet composition and air quality." *Transportation Research*, Part D: Transport and Environment, Vol. 23,25 - 33.

[7] Malina, C., and Scheffler, F. (2015), "The impact of Low Emission Zones on particulate matter concentration and public health." *Transportation Research*, Part A: Policy and Practice, Vol. 77,372 - 385.

[8] Boogaard, H., Janssen, N. A., Fischer, P. H., Kos, G. P., Weijers, E. P., Cassee, F. R., van der Zee, S. C., de Hartog, J. J., Meliefste, K., Wang, M., and Brunekreef, B. (2012), "Impact of low emission zones and local traffic policies on ambient air pollution concentrations." *Science of the Total Environment*, Vol. 435,132 - 140.

[9] Ellison et al., "Five years of London's low emission zone."

[10] Wolff, H. (2014), "Keep your clunker in the suburbs: Low emissions zones and the adoption of green vehicles." *The Economic Journal*, Vol. 124, 481 - 512.

[11] Ellison et al., "Five years of London's low emission zone"; Font, A., Guiseppin, L., Ghersi, V., and Fuller, G. W. (2018), "A tale of two cities: Is air pollution improving in London and Paris?" Not yet published.

[12] Carslaw, D. C., and Rhys-Tyler, G. (2013), "New insights from comprehensive on-road measurements of NOx, NO2 and NH3 from vehicle emission remote sensing in London, UK." *Atmospheric Environment*, Vol. 81, 339 - 347.

[13] Fuller, G., and Moukhtar, S., "Paris tries something different in the fight against smog." *The Guardian*, January 29, 2017: https://www.theguardian.com/environment/2017/jan/29/paris-fight-against-smog-world-pollutionwatch; Fuller, G., "How different cities responded to December's winter smog." The Guardian, January 8, 2017: https://www.theguardian.com/environment/2017/jan/08/how-different-cities-respond-to-winter-smog-pollutionwatch and references therein.

[14] Lin, C. Y. C., Zhang, W., and Umanskaya, V. I. (2011), "The effects of driving restrictions on air quality: São Paulo, Bogotá, Beijing, and Tianjin." Agricultural & Applied Economics Association's 2011 AAEA & NAREA Joint Annual Meeting. Pittsburg, PA; Bigazzi, A. Y., and Rouleau, M. (2017), "Can traffic management strategies improve urban air quality? A review of the evidence." *Journal of Transport & Health*, Vol. 7, 111 - 124.

[15] Kelly, F., Anderson, H. R., Armstrong, B., Atkinson, R., Barratt, B., Beevers, S., Derwent, D., Green, D., Mudway, I., and Wilkinson, P. (2011), "The impact of the congestion charging scheme on air quality in London," Part 1 & 2. Boston, MA: Health Effects Institute.

[16] Hanna, R., Kreindler, G., and Olken, B. A. (2017), "Citywide effects of high-occupancy vehicle restrictions: Evidence from 'three-in-one' in Jakarta." *Science*, Vol. 357(6346), 89 - 93.

[17] Jevons, W. S., *The Coal Question: An inquiry concerning the progress of the nation, and the probable exhaustion of our coal*

mines, 1st edn. London and Cambridge: Macmillan & Co., 1865.

[18] The Standing Advisory Committee on Trunk Road Assessment (Chair: D. A. Woods QC), *Truck Roads and the Generation of Traffic*. London: Department for Transport, 1994.

[19] Matson, L., Taylor, T., Sloman, L., and Elliott, J., *Beyond Transport Infrastructure: Lessons for the future from recent road projects*. London: Council for the Protection of Rural England and the Countryside Agency, 2006.

[20] Milam, R. T., Birnbaum, M., Ganson, C., Handy, S., and Walters, J. (2017), "Closing the induced vehicle travel gap between research and practice." *Journal of the Transportation Research Board*, Vol. 2653, 10 - 16.

[21] Cairns, S., Atkins, S., and Goodwin, P. (2002), "Disappearing traffic? The story so far." *Proceedings of the Institution of Civil Engineers—Municipal Engineer*, Vol. 151(1), 13 - 22.

[22] Dablanc, L. (2015), "Goods transport in large European cities: Difficult to organize, difficult to modernize." *Transportation Research*, Part A: Policy and Practice, Vol. 41(3), 280 - 285.

[23] Department for Transport, Road Traffic Estimates: Great Britain 2016. London: DfT, 2017. https://www.gov.uk/government/uploads/system/uploads/attachment_data/file/611304/annual-road-traffic-estimates-2016.pdf.

[24] Transport for London, *Roads Task Force—Technical note 5. What are the main trends and developments affecting van traffic in London?* London: TfL, 2015.

[25] Dablanc, L., and Montenon, A. (2015), "Impacts of environmental access restrictions on freight delivery activities: Example of Low Emission Zones in Europe." *Transportation Research Record: Journal of the Transportation Research Board*, Vol. 2478, 12 - 18.

[26] MailRail, "Operation." http://www.mailrail.co.uk/operation.html; Living History of Illinois and Chicago, "Chicago's underground freight railway network." http://livinghistoryofillinois.com/pdf_files/Chicago%20Underground%20Freight%20Railway%20Network.pdf.

[27] Asthana, A., and Taylor, M., "Britain to ban sale of all diesel and petrol cars and vans from 2040." The Guardian, July 25, 2017:

https://www.theguardian.com/politics/2017/jul/25/britain-to-ban-sale-of-all-diesel-and-petrol-cars-and-vans-from-2040.

[28] Baynes, C., "Paris to ban all petrol and diesel cars by 2030." The Guardian, October 12, 2017: https://www.standard.co.uk/news/world/paris-to-ban-all-combustion-engine-petrol-diesel-cars-by-2030-a3656821.html.

[29] Font, A., and Fuller, G. W. (2016), "Did policies to abate atmospheric emissions from traffic have a positive effect in London?" *Environmental Pollution*, Vol. 218, 463 - 474.

[30] Howard, K., "Disc Brakes." *Motor Sport*, May 2003: https://www.motorsportmagazine.com/archive/article/may-2000/53/disc-brakes.

[31] Hagino, H., Oyama, M., and Sasaki, S. (2016), "Laboratory testing of airborne brake wear particle emissions using a dynamometer system under urban city driving cycles." *Atmospheric Environment*, Vol. 131, 269 - 278.

[32] Cassee, F. R., Héroux, M. E., Gerlofs-Nijland, M. E., and Kelly, F. J. (2013), "Particulate matter beyond mass: Recent health evidence on the role of fractions, chemical constituents and sources of emission." *Inhalation Toxicology*, Vol. 25(4), 802 - 812.

[33] Timmers, V. R., and Achten, P. A. (2016), "Non-exhaust PM emissions from electric vehicles." *Atmospheric Environment*, Vol. 134, 10 - 17.

[34] Department for Transport, *Road Traffic Estimates: Great Britain* 2016.

[35] Royal College of Physicians and Royal College of Paediatrics and Child Health, *Every Breath We Take: The lifelong impact of air pollution*. London: Royal College of Physicians, 2016.

[36] Jarrett, J., Woodcock, J., Griffiths, U. K., Chalabi, Z., Edwards, P., Roberts, I., and Haines, A. (2012), "Effect of increasing active travel in urban England and Wales on costs to the National Health Service." *The Lancet*, Vol. 379(9832), 2198 - 2205.

[37] Rojas-Rueda, D., de Nazelle, A., Tainio, M., and Nieuwenhuijsen, M. J. (2011), "The health risks and benefits of cycling in urban environments compared with car use: Health impact assessment study." *British Medical Journal*, Vol. 43, 4521.

[38] Rabl, A., and De Nazelle, A. (2011), "Benefits of shift from car to active transport." *Transport Policy*, Vol. 191(1), 121 - 131.

[39] Tainio, M., de Nazelle, A. J., Gotschi, T., Kahlmeier, S., Rojas-Rueda, D., Nieuwenhuijsen, M. J., de Sá, T. H., Kelly, P., and Woodcock, J. (2016), "Can air pollution negate the health benefits of cycling and walking?" *Preventive Medicine*, Vol. 87, 233 - 236.

[40] Woodcock, J., Tainio, M., Cheshire, J., O'Brien, O., and Goodman, A. (2013), "Health effects of the London bicycle sharing system: Health impact modelling study." *British Medical Journal*, Vol. 348, 425.

[41] UK Biobank, http://www.ukbiobank.ac.uk/.

[42] Wheeler, B., "60mph motorway speed limit plan shelved." *BBC News*, July 8, 2014.

[43] *The Argus*, "Driving out the motorist: Brighton and Hove anti-car policies slammed by AA." April 12, 2013: http://www.theargus.co.uk/news/10352165.Driving_out_the_motorist_anti_car_policies_slammed_by_AA/.

[44] Metz, D. (2013), "Peak car and beyond: The fourth era of travel." *Transport Reviews*, Vol. 33(3), 255 - 270.

[45] Department for Transport, Road Traffic Estimates: Great Britain 2016. https://www.gov.uk/government/uploads/system/uploads/attachment_data/file/611304/annual-road-traffic-estimates-2016.pdf.

[46] Focas, C., and Christidis, P. (2017), "Peak Car in Europe?" *Transportation Research Procedia*, Vol. 25, 531 - 550.

[47] "Healthy Streets." https://healthystreets.com/.

第 13 章 清洁空气

[1] Evelyn, John, *Fumifugium*, *or*, *The inconveniencie of the aer and smoak of London dissipated together with some remedies humbly proposed*, translated by Anna Gross and Justine Shaw. Brighton: Environmental Protection UK, 1661; 2012.

[2] Salmond, J. A., Tadaki, M., Vardoulakis, S., Arbuthnott, K., Coutts, A., Demuzere, M., Dirks, K. N., Heaviside, C., Lim, S., Macintyre, H., and McInnes, R. N. (2016), "Health and climate related ecosystem services provided by street trees in the urban environment." *Environmental Health*, Vol. 15, suppl. 1, S36.

[3] McDonald, A. G., Bealey, W. J., Fowler, D., Dragosits, U., Skiba, U., Smith, R. I., Donovan, R. G., Brett, H. E., Hewitt, C. N., and Nemitz, E. (2007), "Quantifying the effect of urban tree planting on concentrations and depositions of PM10 in two UK conurbations." *Atmospheric Environment*, Vol. 41 (38), 8455-8467.

[4] Churkina, G., Kuik, F., Bonn, B., Lauer, A., Grote, R., Tomiak, K., and Butler, T. M. (2017), "Effect of VOC emissions from vegetation on air quality in Berlin during a heatwave." *Environmental Science & Technology*, Vol. 51, 6120-6130.

[5] Lewis, A., "Beware China's 'anti-smog tower' and other plans to pull pollution from the air." *The Conversation*, January 18, 2018.

[6] Air Quality Expert Group, *Paints and Surfaces for the Removal of Nitrogen Oxides*. London: Defra, 2016.

[7] D'Antoni, D., Smith, L., Auyeung, V., and Weinman, J. (2017), "Psychosocial and demographic predictors of adherence and non- adherence to health advice accompanying air quality warning systems: A systematic review." *Environmental Health*, Vol. 16(1).

[8] Lewis, A., and Edwards, P. (2016), "Validate personal air-pollution sensors: Alastair Lewis and Peter Edwards call on researchers to test the accuracy of low-cost monitoring devices before regulators are flooded with questionable air-quality data." *Nature*, Vol. 535(7610), 29-32; Smith, K. R., Edwards, P. M., Evans, M. J., Lee, J. D., Shaw, M. D., Squires, F., Wilde, S., and Lewis, A. C. (2017), "Clustering approaches to improve the performance of low cost air pollution sensors." *Faraday Discussions*, Vol. 200, 621-637.

[9] Laumbach, R., Meng, Q., and Kipen, H. (2015), "What can individuals do to reduce personal health risks from air pollution?" *Journal of Thoracic Disease*, Vol. 7(1), 96.

[10] Jones, A. M., Harrison, R. M., Barratt, B., and Fuller, G. (2012), "A large reduction in airborne particle number concentrations at the time of the introduction of 'sulphur free' diesel and the London low emission zone." *Atmospheric Environment*, Vol. 50, 129-138.

[11] Kelly, I., and Clancy, L. (1984), "Mortality in a general hospital and urban air pollution." *Irish Medical Journal*, Vol. 77 (10),

322 - 324.

[12] Clancy, L., Goodman, P., Sinclair, H., and Dockery, D. W. (2002), "Effect of air-pollution control on death rates in Dublin, Ireland: An intervention study." *The Lancet*, Vol. 360(9341).

[13] Dockery, D. W., Rich, D. Q., Goodman, P. G., Clancy, L., Ohman-Strickland, P., George, P., and Kotlov, T. (2013), "Effect of air pollution control on mortality and hospital admissions in Ireland." *Health Effects Institute*, Vol. 176, 3 - 109.

[14] Pozzer, A., Tsimpidi, A. P., Karydis, V. A., De Meij, A., and Lelieveld, J. (2017), "Impact of agricultural emission reductions on fine- particulate matter and public health." *Atmospheric Chemistry and Physics*, 12813.

[15] European Union, "Improving air quality: EU acceptance of the Gothenburg Protocol a mendment in sight." July 17, 2017: http://www.consilium.europa.eu/en/press/press-releases/2017/07/17/agri-improving-air-quality/.

[16] Kumar, A., "Law aiding Monsanto is reason for Delhi's annual smoke season." *The Sunday Guardian Live*, December 30, 2017.

[17] Johnston, F. H., Purdie, S., Jalaludin, B., Martin, K. L., Henderson, S. B., and Morgan, G. G. (2014), "Air pollution events from forest fires and emergency department attendances in Sydney, Australia 1996 - 2007: A case-crossover analysis." *Environmental Heath*, Vol. 13(1), 105.

[18] Fuller, G., "Pollutionwatch: sepia skies point to smoke and smog in our atmosphere." *The Guardian*, November 12, 2017: https://www.theguardian.com/uk-news/2017/nov/12/pollutionwatch-sepia-skies-point-to-smoke-and-smog-in-our-atmosphere.

[19] Witham, C., and Manning, A. (2007), "Impacts of Russian biomass burning on UK air quality." *Atmospheric Environment*, Vol. 41(37), 8075 - 8090.

[20] Johnston, F. H., Henderson, S. B., Chen, Y., Randerson, J. T., Marlier, M., DeFries, R. S., Kinney, P., Bowman, D. M., and Brauer, M. (2012), "Estimated global mortality attributable to smoke from landscape fires." *Environmental Health Perspectives*, Vol. 120(5), 695.

第 14 章 结论：如何制造干净的空气？

[1] Stern, N., "The best of centuries or the worst of centuries." Fulbright Commission, June 2018: http://fulbright.org.uk/media/2249/nicholas-stern-essay.pdf.

[2] World Bank, *Urban Development—overview*. The World Bank, January 2, 2018: http://www.worldbank.org/en/topic/urbandevelopment/overview.

[3] Walton, H., Dajnak, D., Beevers, S., Williams, M., Watkiss, P., and Hunt, A., *Understanding the Health Impacts of Air Pollution in London*. London: King's College London, 2016.

[4] Bruckmann, P., Pfeffer, U., and Hoffmann, V. (2014), "50 years of air quality control in Northwestern Germany—how the blue skies over the Ruhr district were achieved." *Gefahrstoffe-Reinhaltung der Luft*, Vol. 74(1-2), 37-44.

[5] Ahlers, A. L. (2015), "How the Sky over the Ruhr Became Blue Again—Or: A German researcher's optimism about China's opportunities to tackle the problem of air pollution." Academia.edu: http://www.academia.edu/17286084/How_the_Sky_over_the_Ruhr_Became_Blue_Again_Or_A_German_researcher_s_optimism_about_China_s_opportunities_to_tackle_the_problem_of_air_pollution_2015_.

[6] German Environment Agency, "Federal Environment Agency: The sky over the Ruhr is blue again!" UBA: https://www.umweltbundesamt.de/en/press/pressinformation/federal-environment-agency-sky-over-ruhr-is-blue.

[7] Carr, E., and Chan, Y., "Is China serious about curbing pollution along the belt and road?" *China Morning Post*, December 11, 2017.

[8] Mayor of London press release, "Sadiq Khan unveils action plan to battle London's toxic air." London.gov, July 5, 2016: https://www.london.gov.uk/press-releases/mayoral/mayor-unveils-action-plan-to-battle-toxic-air.

[9] U.S. Environmental Protection Agency Office for Air and Radiation, *The Benefits and Costs of the Clean Air Act from 1990 to 2020*. s.l.: USEPA, 2011.

[10] Turnock, S. T., Butt, E. W., Richardson, T. B., Mann, G. W., Reddington, C. L., Forster, P. M., Haywood, J., Crippa, M.,

Janssens-Maenhout, G., Johnson, C. E., and Bellouin, N. (2016), "The impact of European legislative and technology measures to reduce air pollutants on air." *Environmental Research Letters*, Vol. 12 (11), 024010.

[11] Department for Transport, *Road Traffic Estimates: Great Britain 2016*. London: DfT, 2017.

[12] Fuller, G., "Pollutionwatch: Bicycles take over City of London rush hour." *The Guardian*, April 12, 2018: https://www.theguardian.com/environment/2018/apr/12/pollutionwatch-bicycles-take-over-city-of-london-rush-hour and references therein.

[13] Chung, J. H., Hwang, K. Y., and Bae, Y. K. (2012), "The loss of road capacity and self-compliance: Lessons from the Cheonggyecheon stream restoration." *Transport Policy*, Vol. 21, 165 - 178.

[14] McDonald, B. C., de Gouw, J. A., Gilman, J. B., Jathar, S. H., Akherati, A., Cappa, C. D., Jimenez, J. L., Lee-Taylor, J., Hayes, P. L., McKeen, S. A., and Cui, Y. Y. (2018), "Volatile chemical products emerging as largest petrochemical source of urban organic emissions." *Science*, Vol. 359(6377), 760 - 764.

[15] Royal College of Physicians and Royal College of Paediatrics and Child Health, *Every Breath We Take: The lifelong impact of air pollution*. London: Royal College of Physicians, 2016.

[16] Hardin, G. (1968), "The Tragedy of the Commons." *Science*, Vol. 162, 1243.

[17] Woo, L., "Garrett Hardin, 88: Ecologist Sparked Debate with Controversial Theories." *Los Angeles Times*, September 20, 2003.

[18] Li, H., Zhang, Q., Duan, F., Zheng, B., and He, K. (2016), "The 'Parade Blue': Effects of short-term emission control on aerosol chemistry." *Faraday Discussions*, Vol. 189, 317 - 335.

[19] European Commission staff working paper, annex to The Communication on Thematic Strategy on Air Pollution and the Directive on "*Ambient Air Quality and Cleaner Air for Europe.*" Brussels: EC, 2005.

[20] Amann, M. (ed.), *Final Policy Scenarios of the EU Clean Air Policy Package*. Laxenburg, Austria: International Institute for Applied Systems Analysis, 2014.

[21] Song, C., He, J., Wu, L., Jin, T., Chen, X., Li, R., Ren, P.,

Zhang, L., and Mao, H. (2017), "Health burden attributable to ambient PM2.5 in China." *Environmental Pollution*, Vol. 223, 575 - 586.

[22] The United Nations, Paris Agreement. November 4,2016: https://unfccc.int/process/conferences/pastconferences/paris-climate-change-conference-november-2015/paris-agreement.

[23] Hansen, J., *Storms of My Grandchildren*. London: Bloomsbury, 2009.

[24] World Health Organization, *Reducing Global Health Risks through Mitigation of Short-lived Climate Pollutants: Scoping report for policy makers*. Geneva: WHO, 2015.

[25] United Nations Environment Programme and World Meteorological Organization, *Integrated Assessment of Black Carbon and Tropospheric Ozone: A summary for policy makers*. Nairobi: UNEP & WMO, 2011; Shindell, D., Kuylenstierna, J. C., Vignati, E., van Dingenen, R., Amann, M., Klimont, Z., Anenberg, S. C., Muller, N., Janssens-Maenhout, G., Raes, F., Schwartz, J., Williams, M., and Fowler, D., (2012), "Simultaneously mitigating near-term climate change and improving human health and food security." *Science*, Vol. 335(6065),183 - 189.

[26] Williams, M. L., Beevers, S., Kitwiroon, N., Dajnak, D., Walton, H., Lott, M. C., Pye, S., Fecht, D., Toledano, M. B., and Holland, M., *Public Health Air Pollution Impacts of Pathway Options to Meet the 2050 UK Climate Change Act Target—A modelling study*. London: King's College London, 2018.

[27] Department for Transport, The Road to Zero. London: DfT, 2018.

[28] Stern, "The best of centuries or the worst of centuries."

[29] Royal College of Physicians and Royal College of Paediatrics and Child Health, *Every Breath We Take: The lifelong impact of air pollution*. London: Royal College of Physicians, 2016.

致 谢

我的名字出现在本书的封面，但若没有我身边这个伟大的团队，我将不可能写完这本书。

非常感谢我的家人和朋友，尤其是我的妻子凯茜(Cathy)，她陪我度过了激动人心和愉快的写作过程；她阅读了所有的书稿，为我沏茶，提醒我休息。没有她的陪伴，我不可能写完这本书。我还要感谢帕梅拉·戴维(Pamela Davy)。我曾经指导过她的博士论文，她阅读和评论了这本书，并一直给我鼓励。还要感谢贝基·富勒(Becky Fuller)，本书的开场白是她在上完学校的科学课后兴冲冲地告诉我的，感谢茱蒂·马丁(Judy Martin)阅读前半部分的章节，感谢汤姆·克罗西特(Tom Crossett)和苏珊·克罗西特(Susan Crossett)不吝与我分享写书的奥妙。

感谢我们伦敦国王学院的出色团队，也感谢多年来分享成果、给我启发的所有同事和科学家们。想要感谢的人很多，但是恕我无法在此提及所有的人。马丁·威廉姆斯(Martin Williams)、大卫·福勒(David Fowler)和米哈尔·克日扎诺夫斯基(Michal Krzyzanowski)教授向我讲述了早期职业生涯和在国际组织工作时期的精彩往事。也要感谢我的父亲和母亲,他们回忆了伦敦烟雾的尘封往事,并一直在背后默默地支持我。

感谢伦敦国王学院图书馆,若没有它,我将无法搜齐写作本书所需的科学资料。在过去一年中,我总是一有时间就去图书馆查资料,带着笔记本坐上几个小时。感谢许多我曾去过并写作过的地方:位于彭布罗克郡,可以俯瞰爱尔兰海的麦克家的农场;往来于伦敦和布莱顿之间,次次都延误的火车;欧洲之星、TGV列车、经济型酒店以及我岳母安妮的餐厅;数不清的咖啡馆(我常常点一壶茶,坐在安静的角落写作),还有布赖顿-霍夫的朱比利图书馆(Jubilee Library)。在家办公时,我时常望见窗外的海鸥,在花园里劳作时,也时常有海鸥从我的头顶飞过,它们不断提醒着我,周围有看不见的空气。

最后,我要感谢Melville House出版社,包括史蒂夫·戈夫(Steve Gove),尤其是我的编辑尼基·格里菲思(Nikki Griffiths),她给了我写这本书的机会。尼基的建议和意见帮助我确定了本书的框架。作为科学家,我们倾向于用已公开的实验结果传达我们想要说的话,但是尼基提醒我,写好一本书,必须要讲好故事。在撰写本书时,我不得不深入了解早年的许多科学家。希望你们能和我一样,喜欢阅读他们的故事,并希望这本书能鼓励你们思考为何需要保护我们所呼吸的空气——人类最重要的共享资源。

加里·富勒于布莱顿,2018年12月